Deutz/Gasteiner/Buchgraber

Fütterung von Reh- und Rotwild

Ein Praxisratgeber

Leopold Stocker Verlag
Graz – Stuttgart

Umschlaggestaltung:
DSR Werbeagentur Rypka GmbH, 8143 Dobl/Graz
Titelbild: Gunther Greßmann, Armin Deutz

Bildnachweis:
A. Deutz (105), J. Gasteiner (17), F. Hlebaina (5), G. Greßmann (5), K. Hofellner (3), H. Kraßnitzer (3), U. Skreinig (2), B. Cecon (1), G. Kaltenegger (1), J. Marktler, W. Schöggl (1)

Der Inhalt dieses Buches wurde von den Autoren und Verlag nach bestem Gewissen geprüft, eine Garantie kann jedoch nicht übernommen werden. Die juristische Haftung ist ausgeschlossen.

Bibliografische Information Der Deutschen Bibliothek
Die Deutsche Bibliothek verzeichnet diese Publikation in der Deutschen Nationalbibliografie; detaillierte bibliografische Daten sind im Internet unter http://dnb.ddb.de abrufbar.

Hinweis: Dieses Buch wurde auf chlorfrei gebleichtem Papier gedruckt. Die zum Schutz vor Verschmutzung verwendete Einschweißfolie ist aus Polyethylen chlor- und schwefelfrei hergestellt. Diese umweltfreundliche Folie verhält sich grundwasserneutral, ist voll recyclingfähig und verbrennt in Müllverbrennungsanlagen völlig ungiftig.

Auf Wunsch senden wir Ihnen gerne kostenlos unser Verlagsverzeichnis zu:
Leopold Stocker Verlag GmbH
Hofgasse 5 / Postfach 438
A-8011 Graz
Tel.: +43 (0)316/82 16 36
Fax: +43 (0)316/83 56 12
E-Mail: stocker-verlag@stocker-verlag.com
www.stocker-verlag.com

ISBN 978-3-7020-1216-8
Alle Rechte der Verbreitung, auch durch Film, Funk und Fernsehen, fotomechanische Wiedergabe, Tonträger jeder Art, auszugsweisen Nachdruck oder Einspeicherung und Rückgewinnung in Datenverarbeitungsanlagen aller Art, sind vorbehalten.
© Copyright by Leopold Stocker Verlag, Graz, 4. Auflage 2023
Layout und Repro: DSR Werbeagentur Rypka GmbH, 8143 Dobl/Graz

Inhalt

Einleitung	9
Sinn und Unsinn von Fütterungsmaßnahmen	12
Ideologisches zur Fütterung	12
Fütterung – pro und contra	13
Fütterung und Aufhege	16
Fütterungshygiene und „Revierhygiene"	16
Absage an Kirrungen	17
Entwurmen von Wildtieren?	17
Rehe sehr empfindlich	18
Fütterung und Domestikation	19
Definition „Haustier" ist schwierig	19
Zahmheit als Kriterium?	20
Unterschiedliche Haltung?	20
Gezielte Fortpflanzung	20
Veränderte Körpermerkmale	21
Selektion kann verarmen	21
Damwild und Domestikation	21
Erste neuerliche Domestikation nach 5.000 Jahren?	22
Resümee	22
Rechtliches zur Fütterung	23
Begriffe	24
„Sichere Futtermittel"	25
Die „Salzfrage", (vitaminisierte) Mineralstoffmischungen	25
Verbotene Futtermittel – nicht sichere Lebensmittel	26
Verdorbenes Futter	26
Zwischen Fütterungsgebot und -verbot	27
Ländervergleich zur Fütterung von Wild	28
Futtermittelsicherheit – Der Jäger als Lebensmittelunternehmer	30
Leiden Wildtiere Hunger?	32
Jahreszeitliche Unterschiede im Bedarf	32

    Hunger und Fresstrieb 33
    Erhaltungs- und Sättigungssubstanzen –
    Gesetz des Minimums 34
    Futterabhängigkeit 34
    Erhaltung der Körpertemperatur 35
    Jahreszeitliche Schwankungen im Nährstoffbedarf 37
        Eigenarten des Rehs 38
        Jahreszeitliche Schwankungen der Wildbretgewichte 39
        Herbst ist Anfang des Rehjahres 39

Grundzüge der Verdauung beim Wildwiederkäuer 40
    Definition „wiederkäuergerecht" 40
    Unterschiede Reh- und Rotwild 41
    Beispiel Flechten als Äsung 41
    Verdauungstrakt des Rot- und Rehwildes 43
        Verdauungsvorgänge beim Wildwiederkäuer 44
        Bedeutung der Pansenflora 44

Wiederkäuertypen – Entwicklung des
Vormagensystems 46
    Was ist wiederkäuen? 46
    Typen von Wiederkäuern 48
        Selektierer 48
        Gras- und Raufutterfresser 48
        Mischäser, Intermediäre Fresstypen (Zwischentypen) 49
    Rotwild ist kein Nacht- und Dämmerungstier 49

Äsungs- und Futteraufnahme 50
    Das Wiederkäuergebiss 50
    Geruchssinn 51
    Geschmackssinn 51
    Gesichtssinn 52
    Tastsinn 52

Pflanzen und ihre Inhaltsstoffe 53
        Rohprotein 54
        Kohlenhydrate 54
        Fette und Lipoide 55
        Mineralstoffe, Spurenelemente und Vitamine 55
        Wasser 57

Einteilung von Futtermitteln und ihre Gewinnung 59
    Grundfuttermittel 60
        Heuwerbung 62
        Saftfuttermittel 65

Hackfrüchte	69
Ergänzungsfuttermittel und Konzentrate („Kraftfuttermittel")	70
Leckmassen und Kaublöcke, Futterblöcke	72
Fertig- oder „Alleinfuttermittel"	72
Mineralstoff- und Wirkstoffmischungen	73

Grundfutterbeurteilung 75
Nährstoffgehalte und sensorische Bewertung 75
Vorgangsweise bei der Bewertung von Futterproben 76
Sensorische Bewertung der Futterqualität 77
    Sensorische Bewertung von Heu und Grummet 78
    Sensorische Bewertung von Silagen 79
Futterwertzahl 82
    Einstufung der Futterwertzahl 82
Beispiele für Nährstoffgehalte verschiedener Grundfuttermittel zur Verfütterung an Wildwiederkäuer 83
    Grassilage 83
    Heu 83
    Maissilage mit 20 % Apfeltrester 83

Praktische Rationsbeispiele 86

Wie viel Salz benötigt Wild? 90
Ergänzungsfuttermittel oder Mineralfuttermittel mit Salz 91

Futtermittel- und Fütterungshygiene 92
Hygiene ist mehr als Sauberkeit 92
Kein verdorbenes Futter verfüttern! 94
    Ursachen für Verderb 94
    Folgen mangelhafter Hygiene 94

Die häufigsten Fütterungs- und Futterfehler 96
Das Gegenteil von „gut" ist „mit guter Absicht" 96
Grundsätze der Fütterung 98

Fallwilduntersuchung auf Fütterungsfehler 99
Fallwildursachen 99
    Fallwild und Tierschutz 100
    Fütterungen und Fallwild 100
Orientierende Fallwilduntersuchung durch den Jäger 101
    Fallbeispiel: Hirsch bei Fütterung verunglückt 102
Übersicht zu möglichen Fütterungsfehlern 103

Fütterungsbedingte Erkrankungen 104
Pansenübersäuerung 104
    Akute Pansenübersäuerung 104

   Chronische Pansenazidose.. 106
 Mykotoxikosen.. 106
   Fallbeispiel „Maiskolben" 106
 Knochenerkrankungen nach Fütterungsfehlern? 107

Im Fütterungsbereich übertragbare Infektionskrankheiten und Parasitosen 109
 Aktinomykose („Strahlenpilzkrankheit") 109
 Paratuberkulose 110
   Häufung von Fällen bei Wildtieren 111
   Krankheitsbilder... 111
   Vermutete Ursachen 112
   Verdachtsfälle abklären 112
   Vorbeuge- und Bekämpfungsmaßnahmen 112
 Tuberkulose wieder zunehmend?.. 114
   Krankheitszeichen.. 115
   Verdacht ernst nehmen!... 115
 Listeriose 115
   Krankheitsentstehung 116
   Krankheitserscheinungen bei Listerien-Enzephalitis 116
   Vorbeugung von Listeriose durch richtige
   Bereitung und Fütterung von Silagen... 116
 Parasitosen und Fütterung.. 117

Vergiftungen durch Giftpflanzen.. 118
 Abgrenzung der Symptomatik Vergiftung – Infektionskrankheit... 118
 Beziehungen zwischen Dosis und Wirkung 119
 Die bedeutendsten Pflanzengifte.. 120
 Pflanzenvergiftung am Beispiel der Aufnahme von Herbstzeitlose 120
   Krankheitserscheinungen.. 120
   Zerlegungsbefund 121
 Kalzinose... 121

Standortwahl und Bau von Fütterungen 122
 Standortfaktoren.. 122
   Revierübergreifende Abstimmung der Fütterungsstandorte 123
   Ausreichend Abstand von wildschadensanfälligen
   Waldbeständen... 123
 Bau von Fütterungen 124
 Rehwildfütterungen 127
   Versuch Tristenfütterung.. 128
 Rotwildfütterungen... 130

    Verlegen oder Auflassen von Fütterungen ... 130

Fütterung und Wildschäden ... 132
    Fütterung und Wildstandsregulierung ... 132
    Wildschaden durch Störung ... 133
    Der „Warteraumeffekt" ... 133
    Fütterung und Jagddruck ... 134
    Kompensierung und Wildschäden ... 135
    Salzvorlage und Verbissschäden ... 135
    Standort, Futtermittel und Schadensdruck ... 136
    Wildlenkung und Schadensminimierung mittels Fütterung ... 136
    Kleine Fehler – große Wirkungen ... 136
        Beispiel 1: Fütterung und Schälrisiko ... 137
        Beispiel 2: Fütterung und Verbissrisiko ... 137

Literaturliste ... 139

Chance oder Risiko für den Wald? –
Versuch einer Bilanz ... 140

Die Autoren ... 142

Einleitung

Wildschäden im Zusammenhang mit (falschen) Fütterungsstandorten, Fütterungsfehler, fütterungsbedingte Erkrankungen, Sommerfütterung und Diskussionen um Fütterungsverbote lassen uns über die Notwendigkeit, den Sinn und das „Wie" der Reh- und Rotwildfütterung nachdenken. Sollen wir überhaupt füttern? Diese Frage wird jeden Heger irritieren, aber Reh- und Rotwild brauchen die Fütterung zur Arterhaltung prinzipiell nicht. Beim Rotwild wird sie heute in vielen Lebensräumen als Lenkungsinstrument, zur Reduktion von Wildschäden oder als Ersatz für nicht mehr verfügbaren Winterlebensraum für notwendig erachtet. Das Rehwild ist z. B. als Art rund 20 Millionen Jahre alt, während die Fütterung erst vor gut 100 Jahren begann.

Dennoch gibt es gute Gründe zur Fütterung von Reh- und Rotwild. Nach wie vor häufige Fütterungsfehler müssen aber weitgehend vermieden werden, um die Ziele der Winterfütterung erreichen zu können. Dieser Praxisratgeber behandelt u. a. folgende Themen sowohl aus praktischer als auch aus wissenschaftlicher Sicht:

- Sinn und Unsinn von Fütterungsmaßnahmen
- Der Jäger als „Lebensmittelunternehmer" – Futtermittelsicherheit
- Leiden Wildtiere Hunger? – Jahreszeitliche Unterschiede im Bedarf
- Übersicht von Futtermitteln, Futtermittelkunde, Gewinnung, Konservierung, Lagerung
- Futtermittelbeurteilung, Futtermittelinhaltsstoffe
- Grundzüge der Wiederkäuerverdauung
- Beispiele für Futterrationen
- Die häufigsten Fütterungsfehler, Futtermittel- und Fütterungshygiene
- Fütterungsbedingte Erkrankungen, Infektionskrankheiten und Fütterung
- Standort und Bau von Fütterungen
- Fütterung und Wildschäden

Die Motive der Wildfütterung reichen von reinen Hegegedanken über den Wunsch nach stärkerem Wild (mit stärkeren Trophäen), Ablenkfütterung von gefährdeten Jungkulturen, Revierbindung, als Gegenmaßnahme gegen starke Beunruhigung oder Veränderungen des Lebensraumes bis zu traditionellen Gründen bzw. weil es die Mitjäger oder Jagdnachbarn erwarten. Die deutliche Verbilligung des Getreides im letzten Jahrzehnt hat mit dazu beigetragen, dass es mittlerweile Reviere gibt, in denen mehrere Tonnen Getreide pro 100 ha und Jahr an Rehe vorgelegt werden. Nichtjagenden ist es schwer zu erklären, dass es Jäger gibt, die Rehe auch im Sommer füttern und damit gleichzeitig das Sozialverhalten des besonders im Sommerhalbjahr streng territorial lebenden Rehwildes massiv beeinflussen. Daneben existieren Fütterungsverbote in einigen deutschen Bundesländern oder Schweizer Kantonen – der „goldene Mittelweg" ist nicht leicht zu finden.

Der bärtige Förster mit Pfeife und Futtersack prägte lange das Image der Wildfütterung
(Quelle: Alte Postkarte, Alpine Luftbild Innsbruck)

Wenn aber gefüttert wird, dann sind Mindestkenntnisse über Verdauung und Futtermittel unbedingt erforderlich. Wer weiß schon, dass die Vormägen des Rehs gegenüber anderen Wildwiederkäuern ein deutlich geringeres Fassungsvermögen aufweisen oder dass Rehe täglich – abhängig von Äsung/Futter erhebliche Speichelmengen mit ganz wesentlicher Bedeutung für das Pansenmilieu produzieren? Dieser Ratgeber soll ein wenig mithelfen, die Fütterungspraxis verträglicher und angepasster für die Wiederkäuer Reh- und Rotwild und für die Lebensräume zu gestalten. Damit möge es gelingen, dass der Spruch von HOFMANN, *„Die Fütterung von frei lebenden Wildtieren ist stets ein mehr oder weniger guter Kompromiss – oft leider bei guter Absicht ein schlechter"*, nicht mehr so häufig zutrifft.

Füttern mit mangelhaftem Fachwissen ist fahrlässig. Denn Fütterungsfehler verursachen erhebliche Leiden für das Wild und Schäden am Lebensraum. Und es besteht auch die Gefahr, gegen rechtliche Vorgaben im Hinblick auf die Lebensmittelsicherheit zu verstoßen. Angesichts dieser Risiken muss gelten: Statt uninformiert und damit womöglich fehlerhaft oder halbherzig zu füttern, ist es wesentlich besser, gar nicht zu füttern!

Wer Reh- oder Rotwild im Winter füttern will, braucht umfassende Kenntnisse, und zwar im Hinblick auf folgende Themenbereiche:

- Verdauungsvorgänge beim Wildwiederkäuer (inklusive fütterungsbedingte Verdauungsstörungen und Erkrankungen)
- Nahrungswahl, saisonaler Nahrungsbedarf, saisonale Raumnutzung des Wildes
- Wechselwirkungen zwischen Wildwiederkäuern und Lebensraum (insbesondere im Hinblick auf die regionalen Wildschadensrisiken und auf die Konkurrenz zu anderen Tierarten)
- Eignung und Qualität von Futtermitteln (inklusive Grundlagen der Futtermittelproduktion, der Futtermittelhygiene und der Vorlagetechnik)
- Gesetzliche Rahmenbedingungen für die Wildfütterung (vom Hegerecht und dessen Grenzen über die wildökologische Raumplanung bis hin zur Lebensmittelsicherheit beim Wildbret)

Einleitung

Beachten sollten wir Jäger auch Auflagen, wie sie für landwirtschaftliche Nutztiere gelten. So ist es nach den landwirtschaftlichen Produktionsbedingungen der Agrarmarkt Austria (AMA) beispielsweise vorgeschrieben, dass die Herkunft der Futtermittel einwandfrei nachvollziehbar sein muss und mindestens 70 % der Futtermittel aus heimischer Erzeugung stammen. Weiters ist das Verfüttern von Futtermitteln tierischer Herkunft oder von Speiseresten verboten. Darüber hinaus dürfen keine Futtermittel aus Entwicklungsländern verfüttert werden, die in diesen Ländern als Grundnahrungsmittel gelten.

Überdenken wir also Wildfutterrationen mit beispielsweise Sesam, Kokos und Soja sowie zur Vermeidung von Pansenazidosen die übermäßige Mais- und Getreidefütterung! Eine „Ökologisierung" der Wildfütterung wird auch für die Wahrung des guten Wildbretimages notwendig sein.

Armin Deutz, Johann Gasteiner,
Karl Buchgraber und Fritz Völk
St. Lambrecht, Pürgg-Trautenfels,
Aigen und Purkersdorf im März 2009 (bzw. Oktober 2023)

- Ideologisches zur Fütterung
- Fütterung – pro und contra
- Fütterung und Aufhege
- Fütterungshygiene und „Revierhygiene"
- Absage an Kirrungen
- Entwurmen von Wildtieren?

Sinn und Unsinn von Fütterungsmaßnahmen

Bevor man sich für oder gegen eine winterliche Futtervorlage für Reh- oder Rotwild entschließt, ist eine eingehende Prüfung der möglichen Vor- und Nachteile vorzunehmen. Dabei sind die jeweiligen landesgesetzlichen Rahmenbedingungen zu berücksichtigen, die bezüglich Fütterung nicht einheitlich sind. Bei einer Entscheidung zugunsten der Fütterung ist verlässliche Vorsorge zu treffen, dass über die gesamte Fütterungsperiode hinweg für alle zuziehenden Stücke eine konsequente (ununterbrochene) Sättigungsfütterung gewährleistet werden kann. Weiters ist auch sicherzustellen, dass die in der Folge höheren Abschusserfordernisse tatsächlich bewältigt werden können. Ansonsten hat die Futtervorlage eine Zunahme der Wilddichte zur Folge und steigert somit die Wildschadensgefahr. Wenn die erforderlichen Abschüsse nicht erfüllt werden können, sollte auf eine Futtervorlage jedenfalls verzichtet werden, um nicht zusätzliche Wildschadensprobleme zu provozieren.

Ideologisches zur Fütterung

Eine Fütterungsdiskussion kann und muss man auch viel grundsätzlicher führen, auch vor dem Hintergrund der allgemeinen Nachhaltigkeitsdiskussion: Auf welchem Nachhaltigkeitsniveau sollen oder wollen wir Schalenwild bejagen bzw. „bewirtschaften"? Soll Jagd eine primär „aneignende Nutzungsform" sein oder soll/darf sie „Jagdwirtschaft" sein, als Teil der Land- und Forstwirtschaft? Derzeit wird die Jagd in Österreich als Jagdwirtschaft und rechtlich als Teil der Land- und Forstwirtschaft verstanden. Soll es diesbezüglich eine einheitliche Vorgangsweise und österreichweit einheitliche Kriterien geben? Von diesen Kriterien hängen ganz wesentlich die Einstellung zur „Hege mit dem Futterbeutel" und deren Beurteilung im Hinblick auf eine gesellschaftsverträgliche Nachhaltigkeit ab. Im Kapitel „Pro und contra Winterfütterung" ist dazu eine Auflistung unterschiedlichster (und zum Teil einander widersprechender) Argumente und Motive enthalten.

Je intensiver der menschliche Einfluss auf unserem Planeten wird, desto stärker wächst die Sehnsucht zahlreicher Menschen nach „Natürlichkeit", nach „Nichtbeeinflussung" durch den Menschen, wobei oft übersehen wird, dass unsere Wildtiere von unserer Kulturlandschaft und damit von uns Menschen vollständig abhängig sind. Aus der Skepsis gegenüber menschlichem „Machertum" wird immer häufiger die zweifellos wichtige ideologische Frage gestellt: Ist es wünschenswert, dass Wild vom Menschen zusätzlich noch durch Fütterung abhängig gemacht wird, wenn die Wildart auch ohne Fütterung überleben kann? Eine ganz zentrale Frage ist: Kann und will der Mensch mit ungelenktem Wild leben? Zu solchen Fragen wird sich der Jäger der Zukunft eine Meinung bilden und diese auch glaubwürdig vertreten müssen. Das vorliegende Buch soll auch einige Impulse für diese grundsätzliche Meinungsbildung geben.

Fütterung – pro und contra

Als Begründungen und Motive **für** eine winterliche Fütterung von Reh- oder Rotwild werden genannt und diskutiert:

- Vermeidung von Tierleid (Tierschutz, Vermeiden des Verhungerns von Wild, Verringerung des Anteils an schwachen und kranken Tieren, „hegerische Verpflichtung")
- Verringerung winterlicher Fallwildverluste (Tierschutz, höherer Abschuss, mehr Wildbreterlös)
- Verbesserung der Widerstandsfähigkeit und Stärke des Wildes (und damit auch der Trophäenstärke, mehr und besseres Wildbret)
- Ersatz für verloren gegangenen Winterlebensraum, sei es durch zunehmende menschliche Störeinflüsse oder durch Verlust vormaliger Winterlebensräume (z. B. durch Siedlungswachstum) oder durch Verlust traditioneller Wildwechsel dorthin wegen unüberwindbarer Barrieren (wie z. B. Hauptverkehrsachsen)
- Ausgleich für die vom Menschen verursachte Verschärfung der „Schere" zwischen Sommer und Winter (in der Kulturlandschaft gibt es wesentlich mehr Sommeräsung und wesentlich weniger Winteräsung als in der Naturlandschaft)
- Verringerung von Wildschäden in der Land- und Forstwirtschaft (Pflanzenschutz, nach dem Motto „was an der Fütterung aufgenommen wird, wird nicht von Wald oder Feld weggeäst")
- Räumliche Lenkung des Wildes (Ablenken von besonders gefährdeten Kulturen, verstärkte Revierbindung, Jagdneid, leichteres Auffinden von Abwurfstangen)
- Bessere Beobachtbarkeit des Wildes („Nähe zum Wildtier", bessere Schätzung der Wildbestandshöhe, bessere Kenntnisse über Geweihform, Geweihentwicklung und Alter von Hirschen – für eine konsequentere Schonung der Mittelklasse)
- Rechtfertigung der alljährlichen Nutzung des Wildes durch Abschüsse (Erwerb eines „Besitzanspruches" auf Wild nach dem Motto „wer sät, der darf auch ernten"); Gewissensberuhigung
- Anwendung landwirtschaftlicher Nachhaltigkeitsgrundsätze aus der Nutztierhaltung

- Sicherung einer ausreichenden Durchbeschäftigung für hauptberufliches Jagdpersonal (Vermeidung winterlicher Arbeitslosigkeit)
- Erfüllung von Erwartungen anderer Menschen in der Region (Sorge vor Anprangerung „herzloser Jäger", z. B. Medienberichte über verhungerndes Wild, Erwartungsdruck von Mitjägern, Jagdnachbarn, Berufsjägern, von verdeckten oder bekennenden Trophäenjägern oder von tierliebenden Nichtjägern)
- Der Wunsch, jagdlich bevorzugten Wildarten in kargen Zeiten „Gutes zu tun"
- Signalisierung von „Wohlstand und Großzügigkeit" (man kann und will sich die Fütterung „leisten")
- Weiterführung regionaler hegerischer Gewohnheiten (Übernahme einer lieb gewordenen Tradition vom Vorgänger oder Mitjäger – ohne allzu selbstkritisches Überprüfen aktueller Rahmenbedingungen und Entscheidungskriterien)

Als Argumente **gegen** die Fütterung von Wildtieren werden von unterschiedlichen Seiten genannt:

- Künstlicher menschlicher Eingriff in die Lebensgemeinschaft (zusätzlich zu ohnehin starken menschlichen Eingriffen in die Kulturlandschaft)
- Füttern ist keine „moralische Verpflichtung zur Notzeit" (diese bestünde sonst ja auch allen anderen Tierarten gegenüber, die traditionellerweise nicht gefüttert werden)
- Ausschalten der natürlichen Selektion (natürlicher Todesursachen – zusätzlich zum Nichtvorhandensein des Großraubwildes, insbesondere von Luchs und Wolf)
- Erhaltung einer vermehrten Anzahl schwacher Tiere, die meist stark verparasitiert oder krank sind – das erhöht die Gesundheitsrisiken für die Wildpopulation
- Nachteile für andere Tierarten durch künstliche Verschiebung von Konkurrenzverhältnissen (verbunden mit der Frage: warum werden nur einige Schalenwildarten gefüttert? – „2-Klassen-Hegeverständnis")
- Einbringen regionsfremder Futtermittel in das Ökosystem (vor allem bei Fernimporten, das gilt z. B. für Sesam oder Soja)
- Abhängigmachen des Wildes vom Menschen (Vorwurf „Verhausschweinung")
- Fütterung als Revier-Egoismus, vor allem wenn sie beim Rotwild ohne großräumige Abstimmung stattfindet (mangelhafte revierübergreifende Koordinierung nach wild- und landschaftsökologischen Kriterien – fehlende Raumplanung)
- Streben nach Trophäenmaximierung (v. a. beim Einsatz von Kraftfutter)
- Unethisches Streben nach höheren Jagdstrecken („Heranhegen von Kanonenfutter" für die nächste Jagdzeit – bei gleichzeitigem Klagen über zu hohe Abschussvorgaben)
- Nichterfüllung von Abschussplänen (wozu dann „noch mehr Wild" heranhegen?)
- Erhöhtes Risiko der Krankheitsübertragung durch übermäßige Wild- und Losungskonzentration an den Futterplätzen (Parasiten etc. – vor allem während frostfreier Zeiträume und im Spätwinter/Frühjahr)
- Auslösung von Wildschäden (durch unnatürlich anwachsende Wildbestände, Wildkonzentrationen, falsche Fütterungsstandorte, problematische Futtermittel oder Fütterungstechnik, übermäßiges Beäsen der Pflanzendecke außerhalb der Fütterungsperiode durch Verschieben des Nahrungsengpasses)
- Auslösen von Tierleid durch Fütterungsfehler, insbesondere durch Futtermittel, die nicht wiederkäuergerecht bzw. artgerecht sind (v. a. Verdauungsstörungen, Beeinträchtigung des natürlichen Energiesparvermögens des Wildes)
- Eine chronische Pansenübersäuerung wirkt immunsuppressiv, was bedeutet, dass sich durch die Abwehrschwäche das Risiko für Infektionskrankheiten und Parasitosen erhöht.

- Hohe Fehleranfälligkeit der Fütterung in vielerlei Hinsicht (bezüglich Standortwahl, Futtermittelart, -menge und -qualität, Fütterungstechnik, aussetzende Futtervorlage, Nichterreichbarkeit der Fütterung bei Extremwitterung, Störeinflüsse). Je größer eine Wildansammlung ist, desto drastischer wirken sich bereits kleinste Fehler oder Störungen aus – sei es auf das Wild oder auf die Wildschäden
- Hoher Aufwand bei erheblichen Risiken und begrenzten Erfolgsaussichten
- Fütterung bindet Geldmittel, die z. B. in der Biotop-Hege zweckmäßiger eingesetzt werden könnten
- Anwendung viehwirtschaftlicher Grundsätze auf Wildtiere (Übertragung landwirtschaftlicher Prinzipien der Nutztierhaltung auf die Jagd). Gegenforderung: „Wild soll wild bleiben dürfen"
- Erschwerte Bejagbarkeit bei frühzeitigem Fütterungsbeginn (rasche Wildkonzentration vor allem bei Vorlage besonders attraktiver Futtermittel) und in der Folge oftmals mangelhafte Abschusserfüllung (wegen Nichtbejagung in Fütterungsnähe und im Fütterungseinstand in Verbindung mit dem „Absaugen" des Wildes aus Gebieten ohne Fütterung)
- Bejagung im Bereich von Fütterungen oder Fütterungseinständen (problematische Überlappung von Fütterungszeit und Schusszeit)
- Künstliches „Anbinden" von Wild in schneereichen und kargen Gebirgslagen, aus denen es ohne Fütterung in weniger schadanfällige Gebiete abwandern würde
- Risiko für die Lebensmittelsicherheit des Wildbrets (vor allem bei Fütterungsfehlern und Missständen)
- Image-Nachteil im Hinblick auf die Vermarktung von „heimischem Wildbret" bei Verwendung von importierten Futtermittelbestandteilen mit übermäßig weiten Transportwegen (teilweise sogar weit über Europa hinaus, z. B. Sesam, Soja)
- Image-Nachteil im Hinblick auf die „Natürlichkeit" des Wildbrets, wenn gentechnisch veränderte Futtermittel verwendet werden (trifft v. a. bei Soja zu)
- Ethische Problematik, wenn Futtermittel verwendet werden, die in Entwicklungsländern für die menschliche Ernährung gebraucht werden

Bevor sich ein Jäger für oder gegen die Winterfütterung von Reh- oder Rotwild entscheidet, muss er sich nicht nur umfassendes Fachwissen aneignen, sondern er sollte sich mit sämtlichen Begründungen und Argumenten für und gegen die Fütterung sorgfältig und selbstkritisch auseinandersetzen – und nicht gewohnheitsmäßig etwas übernehmen, ohne eingehend darüber nachgedacht zu haben.

Eine Entscheidung zugunsten der Fütterung sollte nur dann in Erwägung gezogen werden, wenn man mit gutem Gewissen ein offenes Bekenntnis zu den eigenen Motiven für die Fütterung ablegen kann und sofern ausreichende gute Gründe für die Fütterung im eigenen Revier tatsächlich zutreffend sind. Und selbstverständlich nur dann, wenn es realistisch erscheint, dass negative Auswirkungen der Fütterung ausreichend hintan gehalten werden können. Wer füttern will, muss auch einen ökologischen Anspruch auf ein gerechtes „Teilen des erhöhten Zuwachses" ernst nehmen: wenn sich im Bereich von Fütterungen – also von hegerisch verursachten Wildkonzentrationen – die wiederkehrenden großen Beutegreifer (Luchs, Bär oder Wolf) ihre Nahrung zum Überleben des Winters holen, hat der Jäger und Heger gegenüber diesem natürlichen Einflussfaktor auf den Wildbestand entsprechend Toleranz zu üben.

Die Meinungen pro und contra Fütterung können aus verschiedenen Blickwinkeln höchst unterschiedlich ausfallen, weil in Abhängigkeit von den Interessen, Einstellungen und Ideologien unterschiedliche Aspekte wichtig erscheinen und in den Vordergrund gerückt werden. Diese unterschiedlichen Blickwinkel bzw. Argumentationslinien lassen sich zu sechs mitunter deutlich voneinander abweichenden Sichtweisen zusammenfassen: die Sicht des Jägers (oder der Jägerschaft), des Grundeigentümers (Bauer, Waldbesitzer), der Behördenvertreter, des kritischen

Wildbretkonsumenten, des jagdfreundlichen Nichtjägers und des Jagdgegners. Wenn man sich in alle diese Denkweisen und Interessen entsprechend hineinversetzen kann, wird man die Fütterungspraxis umfassend beleuchten und sich dann auch in kritischen Diskussionen bewähren können. Sehr maßgeblich für eine umfassende Beurteilung der Fütterung ist die Bilanz der Folgewirkungen im Hinblick auf die Nachhaltigkeitskriterien der Jagd. In zahlreichen Diskussionen stehen aber meist Detailaspekte aus sektoralem Blickwinkel im Zentrum der Betrachtung.

Bei zu geringem Wissen über die Fütterung und über die Konsequenzen der Fütterung wird man als Fütterungspraktiker nicht nur allzu rasch in Argumentationsnotstand geraten, wenn man sich kritischen Fragen zur Fütterung stellen muss, sondern die angestrebten Hegeerfolge bleiben dann auch ein unwahrscheinliches Zufallsprodukt.

Fütterung und Aufhege

Fütterungsmaßnahmen, die lediglich der Aufhege von Beständen oder der Erzielung möglichst kapitaler Trophäen dienen sollen, werden mittelfristig keine Akzeptanz mehr finden. ONDERSCHEKA meinte dazu bereits 1984:
„Ziel und Zweck von Fütterungsmaßnahmen beim Rotwild, die ausnahmslos auf den Winter beschränkt bleiben müssen und lediglich einen bescheidenen Ersatz für durch den Menschen verloren gegangene Winteräsung darstellt, darf allerdings nur die Gesunderhaltung des Wildbestandes bei gleichzeitig möglichst weitgehender Verhinderung von Wildschäden sein. Fütterungsmaßnahmen, deren angestrebtes Ziel primär auf die Verbesserung der Trophäenqualität oder die Vermehrung des Wildbestandes ausgerichtet ist, widersprechen den Naturgesetzen und sind ebenso abzulehnen wie jedes ausschließlich nach einseitigen und völlig missverstandenen ökologischen Gesichtspunkten ausgesprochene Fütterungsverbot."

Fütterungshygiene und „Revierhygiene"

Unter Fütterungshygiene sind sowohl Maßnahmen während der Fütterungsperiode zu verstehen, die verhindern, dass verdorbenes Futter zur Aufnahme gelangt, als auch Reinigung und „Desinfektion" des Fütterungsstandortes am Ende der Fütterungsperiode. Besonders in milden Wintern kann Saftfutter innerhalb weniger Tage verderben und nach Aufnahme zu schweren Verdauungsstörungen führen. Verschimmeltes Futter, nicht wiederkäuergerechte Futtermittel oder gar vollkommen ungerechtfertigte Sommerfütterungen sind weitere Ursachen von massiven Fütterungsschäden. Die umfassende Fütterungshygiene – angefangen vom Fütterungsstandort, den Futtermitteln und auch der angepassten Fütterungszeit – sind also weitere Diskussionspunkte zur Revierhygiene. Nichtjagenden ist es schwer zu erklären, dass es Jäger gibt, die Rehe über das gesamte Jahr hinweg füttern, nur um einige wenige Gramm mehr an Trophäengewicht zu „ernten" oder den „Grenzbock" ans Revier zu binden und gleichzeitig das raum-zeitliche Sozialverhalten des Rehwildes massiv beeinflussen. Fütterungsstandorte sind nach der Fütterungsperiode zu säubern, Futtermittelreste zu entfernen und entsprechend unzugänglich für das Wild zu entsorgen. Die Notwendigkeit nicht standortangepasster Futtermittel und allfälliger „Sondermischungen" ist zu hinterfragen und im Hinblick auf das naturnahe Produkt Wildbret zu sehen. In Abwandlung eines Spruches darf für die Jagd und Wildfütterung behauptet werden:

> **„Revierhygiene ist nicht alles – aber ohne Revierhygiene ist alles nichts."**

Sinn und Unsinn von Fütterungsmaßnahmen

Absage an Kirrungen

Ein Graubereich zum Thema Fütterung sind Kirrungen. Darunter wären in umfassenderer Sichtweise nicht nur die gesetzeswidrige Vorlage von Lockfuttermitteln, sondern auch strategisch angelegte „Wildäcker" oder mitunter auch Sulzen zu betrachten. (Nacht-)Bejagung von (Rot-)Wild an Kirrungen führt zu Verunsicherung der Wildtiere, Abdrängen in verstärkte Nachtaktivität sowie zur Steigerung von Wildschäden. Zudem sind viele heute am Markt befindliche und eingesetzte Zusatzstoffe und Lockmittel nicht als Futtermittel zugelassen – ein Umstand der futter- und lebensmittelrechtlich problematisch ist.

(Verbotene) Kirrungen nehmen oft Ausmaße von Fütterungen an

Entwurmen von Wildtieren?

Der Einsatz von Arzneimitteln bei frei lebenden Wildtieren ist in Österreich seit dem Jahr 2003 verboten. Eine Behandlung von frei lebenden Wildtieren (im Gegensatz zu Farmwild) mit Arzneimitteln kommt deshalb nicht in Betracht, da kein Tierhalter zur Verfügung steht, der sicherstellt, dass die behandelten Tiere entsprechend gekennzeichnet sind und dass solche Tiere nur nach Einhaltung einer allenfalls erforderlichen Wartezeit in Verkehr und somit in die menschliche Nahrungskette gelangen. Bei Lebensmittel liefernden Tieren sind Arzneimittelrückstände auch nach der gesetzlich vorgeschriebenen Wartezeit (Zeit von der letzten Verabreichung eines Arzneimittels bis zum Erlegen/Schlachten) zu befürchten, wenn es zu Überdosierungen (bei der Anwendung von Arzneimitteln bei Wildtieren relativ leicht möglich) oder zu Verschleppungen

Bei starken Konzentrationen von Wildtieren erhöht sich der Infektionsdruck

(Reste im Futtertrog) kommt. Vor allem sind Rückstände bei Hegeabschüssen bzw. „Schonzeitabschüssen" in Revieren, in denen entwurmt wurde, möglich, aber auch bei Abschüssen von Tieren aus Nachbarrevieren, in denen Arzneimittel eingesetzt wurden.

Neben den rein veterinärmedizinischen Aspekten zur Behandlung von Wildtieren sind in diesem Zusammenhang auch ethische und ökologische Fragen zu berücksichtigen, wie weit der Mensch in Wildtierbestände eingreifen soll und wie lange „Wild" noch „wild" oder „Wild" ist. Das positive Image des natürlich erzeugten Lebensmittels „Wildfleisch" darf keinesfalls durch Aktivitäten einiger „Wildtiertherapeuten" aufs Spiel gesetzt werden. Zum Thema Entwurmung ist weiters anzumerken, dass es sich bei parasitären Erkrankungen um Faktorenkrankheiten handelt. Das bedeutet, dass für ihre Entstehung bzw. für die Ausbildung klinischer Symptome am Wirtstier neben dem Parasitenbefall auch negative (Umwelt-)Faktoren wie Stress, hoher Infektionsdruck, zu hohe Wilddichten, Massierung von Wildtieren (z. B. an Fütterungen), Futtervorlage am Boden usw. verantwortlich sind. Eine hohe Wilddichte bedingt eine massive Anreicherung von Parasiteneiern/-larven sowie auch anderer Krankheitserreger im Lebensraum.

Rehe sehr empfindlich

Rehe gelten neben dem Muffelwild sicherlich zu den empfindlichsten Schalenwildarten gegenüber Parasiten. Vor allem Jungtiere weisen regional hochgradigen Parasitenbefall auf, der bei älteren Stücken meist deutlich zurückgeht (Altersresistenz!), um dann bei alten, geschwächten Tieren wieder verstärkt aufzutreten. Es besteht ein signifikanter Zusammenhang zwischen Wilddichte und Befallsgrad mit Parasiten, d. h. je höher die Wilddichten desto höher auch der Parasitenbefall und damit die Verluste. In diesem Zusammenhang ist die Forderung aufzustellen, dass der ganzjährig zur Verfügung stehende Wildlebensraum und nicht der Lebensraum in der Vegetationsperiode, wo Rehe selbst in ausgeräumten Kulturlandschaften ausreichend Einstand und Deckung finden, zur Ermittlung der lebensraumangepassten Wilddichte herangezogen werden sollte. Nach der Mais- und Getreideernte konzentriert sich in diesen Regionen das Wild nämlich auf kleinräumige Einstände, wodurch dort die Wilddichte stark ansteigt. Folgen davon sind erhöhter innerartlicher Stress und deutlich erhöhte Ansteckungsgefahr.

Verwurmtes Reh mit Durchfall – siehe verschmutzter Spiegel

Parasiteneier bzw. -larven sind je nach Art über mehrere Wochen bis Monate infektiös, können teilweise auch überwintern oder überdauern in Zwischenwirten. Parasiten profitieren auch vom Klimawandel – Infektionen sind bereits weiter in die Almregionen hinauf und länger im Jahresverlauf möglich als noch vor wenigen Jahrzehnten. Obwohl die Medikation von Wildtieren in freier Wildbahn daher eine rein kosmetische Maßnahme war, wurde das Risiko der Rückstandsbelastung des Lebensmittels „Wildfleisch" in Kauf genommen. Neben dem gesetzlichen Verbot sprechen auch fachliche Argumente (Entwurmungszeitpunkt nach der Schusszeit, nur punktuelle Wirkung, einige Parasitosen nicht behandelbar, meist keine ei- und larvenabtötende Wirkung usw.) gegen einen Einsatz von Entwurmungsmitteln bei Wildtieren in freier Wildbahn.

In der Vergangenheit wurden auch Präparate eingesetzt, die für die Anwendung an Wildtieren sowie für die orale Anwendung bei Wiederkäuern nicht zugelassen waren. Aus rechtlicher Sicht ist im Zusammenhang mit der Wildentwurmung zu diskutieren, ob auf Wildfleisch nicht auch die Rückstandskontrollverordnung anzuwenden wäre, was bedeuten würde, dass der Verfügungsberechtigte bei Ablieferung des erlegten Wildes eine schriftliche Bestätigung über die Rückstandsfreiheit des Fleisches abzugeben hätte.

Insgesamt können negative Umweltfaktoren oder zu hohe Wilddichte sicher nicht über die – nunmehr verbotene – medikamentelle Entwurmung ausgeglichen werden. Vielmehr kommen biotopverbessernden Maßnahmen sowie dem Erreichen einer lebensraumangepassten Wilddichte eine deutlich höhere Bedeutung zu als einer zeitlich und örtlich nur punktuell wirksamen Entwurmung von Wildtieren mit allen oben angeführten Nachteilen.

Fütterung und Domestikation

Definition „Haustier"
ist schwierig

Im Zusammenhang mit der Fütterung von Wildtieren fällt immer wieder der Begriff „Domestikation". Dieser Begriff muss von „Zähmung" oder „Futterzahmheit" abgegrenzt werden. Unsere Wildtiere sind nach wie vor Wildtiere, wenn auch oft zahme.

Definition „Haustier" ist schwierig

Die begriffliche Abgrenzung Haustier – Wildtier scheint, oberflächlich betrachtet, leicht zu sein. Im Allgemeinen werden als Haustiere Tiere bezeichnet, die der Mensch zu seinem Nutzen hält und die unter seiner Obhut leben, wie z. B. Schwein, Rind, Pferd, Hund, Katze und Huhn. Dagegen zählt man alle Tiere, die in ihrer Haltung und Fortpflanzung vom Menschen weitgehend unbeeinflusst sind, zu den Wildtieren. Haustiere und Wildtiere sind nach dieser Definition Gegensätze; eine Grenzziehung sollte also nicht schwer fallen. Die Schwierigkeiten einer eindeutigen Abgrenzung werden erst dann deutlich, wenn es um die Einordnung von Tierarten wie z. B. Rentier, in Farmen gehaltenen Pelztieren oder Teichkarpfen geht (BENECKE, 1994). Handelt es sich bei diesen Tieren, die ohne Zweifel in einem geordneten Nutzungsverhältnis zum Menschen stehen, um in Gefangenschaft gehaltene Wildtiere oder um Haustiere?

Die Stufen der Domestikation gehen vereinfacht dargestellt von der Reduktion der natürlichen Selektion hin zur künstlichen Selektion, über Fang und Eingewöhnung, über Anpassung der Tiere (Gewöhnung, Zähmung) bis zur züchterischen Selektion und der Veränderung von Körpermerkmalen und Leistungen der domestizierten Tiere. Domestiziert wurden beispielsweise Schwein, Rind, Schaf und Ziege im 8. Jahrtausend v. Chr. (Asien), die Taube im 5. Jahrtausend v. Chr. (Vorderasien), das Pferd im 4. Jahrtausend v. Chr. (Eurasien), Huhn (Asien) und Katze (Ägypten, Vorderasien) im 2. Jahrtausend v. Chr.

Zahmheit als Kriterium?

Zahmheit ist kein verlässliches Unterscheidungsmerkmal zwischen Haus- und Wildtieren. Denn es gibt auch unter Haustieren ungezähmte Formen, wie das spanische Kampfrind oder Kampfhähne. Andererseits ist bekannt, dass die Jungtiere vieler Wildtierarten durch Aufzucht in menschlicher Nähe schnell zahm werden. Ähnliches gilt für viele im Tierpark gehaltene Wildtiere oder für die „Futterzahmheit" besonders des Rotwildes und abgeschwächt auch des Rehwildes im Winter.

Darüber hinaus kann Zahmheit auch als Naturzustand bei Wildtieren auftreten, wie bei Inselpopulationen, die weder den Menschen noch verwechselbare Raubtiere als natürliche Feinde kennen. Umgekehrt „verwildern" Haustiere wie Rinder, Schafe, Ziegen und Schweine bei extensiver Haltung relativ rasch und verlieren dabei weitgehend ihre „Zahmheit".

Futterzahmheit darf nicht mit Domestikation verwechselt werden

Unterschiedliche Haltung?

Ein anderes Abgrenzungsmerkmal könnte darin liegen, dass der Mensch den Lebensraum für Haustiere nach seinen Wünschen und Vorstellungen gestaltet, so durch die Anlage von Behausungen (Stall, Käfig u. Ä.), von umzäunten Flächen oder von künstlich angelegten Gewässern. Im Vergleich zu Haustieren wird bei Wildtieren die Wahl des Lebensraumes durch zahlreiche Faktoren bestimmt (Klima, Populationsdichte, Nahrungsangebot, natürliche Feinde u. a.). In seinem Lebensraum kann sich das Wildtier relativ frei bewegen. Es gibt jedoch auch sehr extensiv gehaltene Haustiere, wie das bereits erwähnte Rentier.

Wie das wilde Rentier, so ziehen auch die Hausrenherden auf ihren jahreszeitlichen Wanderungen weit umher. Bei diesem Haustier ist eine Haltung im Stall bzw. in umzäunten Weiden weitgehend unbekannt und es wird in der Regel auch nicht gefüttert. Auch die Haltung ist demnach kein eindeutiges Unterscheidungsmerkmal zwischen Haus- und Wildtieren.

Gezielte Fortpflanzung

Vergleicht man Haustiere und Wildtiere miteinander, so fällt bei Haustieren die bedeutend größere Vielfalt und Buntheit im Erscheinungsbild (Phänotyp) auf. Bereits bei Haustieren unter primitiven Haltungsbedingungen, wie Rentier, Yak, Lama u. a., zeigt sich im Vergleich zur jeweiligen Wildform eine größere Variabilität in Größe, Gestalt und Färbung. Diese steht im Zusammenhang mit der vom Menschen getroffenen Zuchtwahl.

Bei unseren Schalenwildarten erfolgte in der Vergangenheit der intensivste Eingriff in das Fortpflanzungsgeschehen beim Rotwild, indem einzelne Hirsche aus weit entfernten Populationen (nicht nur Europäisches Rotwild, sondern auch Marale und Wapitis) bewusst zur „Blutauffrischung" eingekreuzt wurden. Heute stehen nicht nur ethische Argumente gegen solche Maßnahmen, sondern auch die Gefahr der Einschleppung der Chronic Wasting Disease (CWD), einer Variante der Transmissiblen Spongiformen Enzephalopathien (vergleiche BSE beim Rind), die derlei tierzüchterische Maßnahmen in Wildtierpopulationen verbietet.

Veränderte Körpermerkmale

Haustiere sind Tiere, die in weitgehend sexueller Isolation zur Wildform leben und über Generationen, kontrolliert vom Menschen, fortgepflanzt worden sind. Domestizierte Tiere zeigen, verglichen mit den wilden Stammformen, meist ein verringertes Gehirnvolumen, eine Abschwächung einzelner Sinnesfunktionen, häufig Aufhellung der Körper- und Haarfarbe sowie ein Abweichen von jahreszeitlich gebundenen Fruchtbarkeitsperioden, d. h., domestizierte Tiere pflanzen sich auch außerhalb der ursprünglichen Paarungszeiten fort. Die kontrollierte Fortpflanzung hat die Veränderung von Eigenschaften dieser Tiere nach den Vorstellungen des Menschen zum Ziel. Erst rückblickend lässt sich beurteilen, ob aus einer Wildtierart ein Haustier hervorgegangen ist.

Eine auf die Fortpflanzungsverhältnisse bezogene Definition bietet das geeignetste Kriterium für die Charakterisierung von Haustieren. Die kontrollierte Fortpflanzung hat bei ihnen bereits zu vielfältigen Veränderungen im Vergleich zu den Stammarten geführt. Wenn wir wollen, dass unsere Wildarten weiterhin Wildtiere bleiben, dürfen wir nicht künstlich in deren Fortpflanzung eingreifen.

Selektion kann verarmen

Bei Haustieren, die sich in ihrer Vermehrung der Kontrolle des Menschen häufig entziehen, wie zum Beispiel die Hauskatze, selektiert der Mensch oft die Nachkommenschaft. Bei Wildtieren erbeutet der Jäger vorwiegend weniger vorsichtige und weniger scheue Tiere und selektiert so unbewusst. Eine bewusste Selektion wird betrieben, wenn man an die Schonung der jungen Kronenhirsche oder die gezielte Verfolgung so genannter „Außensteher" oder „Knöpfler" denkt.

Ein Selektionsabschuss, der sich bereits negativ auf eine Wildtierart ausgewirkt hat, wurde für das Dickhornschaf (*Ovis canadensis*) in Nordamerika nachgewiesen. Durch jahrzehntelangen relativ altersunabhängigen Abschuss starker Widder sind mittlerweile in diesen Populationen die Stärke der Schnecken und auch die Wildbretgewichte der Widder deutlich gesunken (COLTMAN et al., 2003). Wenn einseitig nach gewissen äußeren Selektionsmerkmalen selektiert wird, wissen wir auch nicht, welch weitere – unsichtbare – Merkmale in den Bereichen Fitness, Verhalten, Krankheitsresistenz usw. in der genetischen Basis der Population seltener werden oder verloren gehen.

Im Gegensatz zu den angeführten jagdlichen Eingriffen verengt die Fütterung die genetische Vielfalt nicht. Durch das Schaffen einer Überlebensmöglichkeit für schwächere Stücke wird die genetische Vielfalt sogar erhöht. Möglicherweise bewirkt dies aber eine erhöhte Krankheitsanfälligkeit des Wildbestands.

Damwild und Domestikation

Das Damwild gehört zu jenen Wildtierarten, die der Mensch bereits früh zu „nutzen" begann. Die ältesten Hinweise für eine Damwildhaltung stammen aus dem Alten Orient, wo Darstellungen den Damhirsch nicht nur als Jagdwild, sondern gelegentlich auch als gezähmtes Tier (z. B. Führen am Halsband) bis in die Zeit um 2700 v. Chr. zeigen. Vermutlich wurde Damwild sogar zur Milchgewinnung gehalten, da Hirschmilch auch zum Opfermahl gehörte (BENECKE, 1994). Dies lässt vermuten, dass bereits vor über 4.000 Jahren Damwild „nutztierähnlich" gehalten worden ist. Zum domestizierten Haustier wurde der Damhirsch über all diesen Zeitraum allerdings nicht. Im Gatter gehaltenes Damwild zählt BOGNER (1999) zu den gefangenen wilden Tieren.

Eine wichtige Grundvoraussetzung für die Domestikation, nämlich die erfolgreiche Zucht bei Gefangenschaftshaltung, würde Damwild nicht zuletzt wegen seiner geselligen Lebensweise und sozialen Verträglichkeit in hohem Maße erfüllen. Ein Problem stellt jedoch die hohe Schreckhaftigkeit der Tiere dar, deren dauerhafte Verringerung nur durch Domestikation erreichbar wäre. Zu erwartende, positive Begleiterscheinungen der Domestikation wären nach BENECKE (1994): bessere Futterverwertung und Gewichtsentwicklung, sicherer Eintritt der Geschlechtsreife im 2. Lebensjahr, hoher Fortpflanzungserfolg, gesenkte Infektionshäufigkeit (?) und höhere mögliche Besatzdichte. Insgesamt weisen nach jüngeren Verhaltensbeobachtungen schwarzes und weißes Damwild im Vergleich zu wildfarbenen Tieren eine geringere Fluchtbereitschaft sowie deutlich geringere Schreckreaktionen auf.

Für die Zukunft lassen nach BENECKE (1994) gezielte Farbkombinationskreuzungen, gepaart mit direkter Verhaltensselektion, die Entstehung eines „Hausdamtieres" erwarten, dessen Einsatz für die Fleischproduktion auf Brachlandflächen diskutiert wird. Eine deutliche Abgrenzung zu wildlebenden Populationen erscheint dann jedoch unumgänglich.

Dam- und Rotwild könnten die nächsten Haustiere werden – wollen wir das?

Erste neuerliche Domestikation nach 5.000 Jahren?

In der Obhut des Menschen gehaltene Haustiere werden gezielt angepaart. Domestizierte Tiere unterscheiden sich demnach von ihren wilden Stammformen hinsichtlich Gestalt, der Funktion und dem Verhalten, aber auch der Leistung. FLETCHER (1998) meint, dass mit der Durchführung gezielter Anpaarungen sowie mit der Einführung künstlicher Zuchtmethoden wie Embryotransfer, In-Vitro-Fertilisation (Künstliche Befruchtung) und Brunftsynchronisation bei verschiedenen Hirscharten in Neuseeland (ASHER, 1998) erstmals seit 5.000 Jahren wieder domestizierte Haustiere entstehen könnten.

Wie wir aus obigen Beispielen erkennen können, liegt ein recht weiter Weg zwischen Wildtier und Haustier. Nicht so weit liegen jedoch die Grenzen zwischen Wildtieren und gewöhnten oder gezähmten (futterzahmen) Tieren. Wir haben es selbst in der Hand, wie „wild" unsere Wildtiere zukünftig sein werden, die Begriffe „Zuchtmaßnahmen" und „Wildtier" sind jedenfalls dauerhaft nicht vereinbar. Auch eine sehr einseitige Selektion auf einige wenige Merkmale stellt bereits eine Zuchtmaßnahme dar und kann – wie wir am Beispiel Dickhornschafe erkennen mussten – bereits kurzfristig negative Auswirkungen auf Populationen haben.

Resümee

Mit Fütterungsmaßnahmen alleine werden Rot- und Rehwild also nicht in Richtung Domestikation gedrängt, die Fütterung schafft aber ein hohes Maß an Abhängigkeit vom Menschen.

Rechtliches zur Fütterung

Begriffe

„Sichere Futtermittel"

Die „Salzfrage", (vitaminisierte) Mineralstoffmischungen

Verbotene Futtermittel – nicht sichere Lebensmittel

Verdorbenes Futter

Zwischen Fütterungsgebot und -verbot

Die Futtermittelsicherheit beruht EU-weit insbesondere auf den Verordnungen (EG) Nr. 178/2002 zur Festlegung der allgemeinen Grundsätze und Anforderungen des Lebensmittelrechts und Nr. 183/2005 mit Vorschriften über die Futtermittelhygiene. Allein daraus erkennt man schon den engen Zusammenhang zwischen Futter- und Lebensmitteln.

Eine grundlegende Anforderung ist, dass Futtermittel, die nicht sicher sind, nicht in Verkehr gebracht oder an lebensmittelliefernde Tiere verfüttert werden dürfen. Dafür notwendig sind die

- weitestgehende Vermeidung von Verunreinigungen durch Düngemittel, Pflanzenschutzmittel, Tierarzneimittel, Abfälle, verunreinigtes Wasser, Schädlinge, Schimmelpilze und bakterielle Verunreinigungen sowie sonstige gefährliche oder verbotene Stoffe, wie z. B. tierische Proteine (Tiermehl),
- eigenverantwortliche Überprüfung der Einhaltung dieser Anforderungen,
- eigenverantwortliche Maßnahmen bei Nichterfüllung der Anforderungen und
- Sicherstellung der Rückverfolgbarkeit durch Aufbewahrung der Aufzeichnungen der Lieferanten und Abnehmer der jeweiligen Futtermittel (Lieferscheine, Rechnungen, Eigenbelege).

Vorkommnisse der letzten Jahre im Zusammenhang mit der Futtermittelsicherheit (Verfütterung von tierischem Eiweiß an Wiederkäuer, BSE-Krise, mit Dioxin kontaminierte Futtermittel usw.) haben gezeigt, dass es notwendig ist, geeignete Maßnahmen zur Sicherung der Futtermittelqualität und für Notfallsituationen festzulegen.

Die Rückverfolgbarkeit von Lebensmitteln soll sicherstellen, dass im Krisenfall unsichere Futter-/Lebensmittel möglichst rasch vom Markt genommen und die Ursachen dafür ermittelt werden können. Daher muss jeder Lebensmittelunternehmer, also auch der Jäger, auch ohne Anlassfall grundsätzlich wissen, welche Futtermittel er wann und woher bezogen hat bzw. an wen er Lebensmittel (erlegtes Wild) geliefert hat. Das kann mit Belegen, die ohnehin vorliegen (z. B. Rechnungen, Lieferscheine, Wiegescheine …) und mit einfachen Eigenbelegen (Datum, Produkt, Menge, Abnehmer/Lieferant) sichergestellt werden. Diese Belege sind zumindest über 3 Jahre aufzubewahren.

Begriffe

Futtermittel sind pflanzliche oder tierische Erzeugnisse im natürlichen Zustand, frisch oder haltbar gemacht, sowie organische und anorganische Stoffe, mit oder ohne Zusatzstoffe, die einzeln (Einzelfuttermittel) oder in Mischungen (Mischfuttermittel) zur Tierernährung bestimmt sind.

Ergänzungsfuttermittel sind Mischungen von Futtermitteln, die einen hohen Gehalt an be-stimmten Stoffen enthalten und die auf Grund ihrer Zusammensetzung nur in Kombination mit anderen Futtermitteln eine ausgewogene Ernährung ermöglichen.

Mineralfuttermittel sind Ergänzungsfuttermittel, die sich hauptsächlich aus Mineralien zu-sammensetzen und mindestens 40 % Rohasche enthalten.

Verbotene Stoffe sind Stoffe, die zum Schutze der tierischen oder menschlichen Gesundheit in Futtermitteln nicht verwendet werden dürfen.

Nach dem Futtermittelgesetz dürfen Futtermittel, Vormischungen und Zusatzstoffe nur in Verkehr gebracht und verfüttert werden, wenn sie unverdorben, unverfälscht und von handelsüblicher Beschaffenheit sind. Futtermittel dürfen keine Gefahr für die tierische und menschliche Gesundheit darstellen und dürfen nicht in irreführender Weise in Verkehr gebracht werden.

Der Jäger hat als Lebensmittelunternehmer Zukauffuttermittel zu dokumentieren

Ebenso existieren weitreichende Bestimmungen für die Registrierung und Zulassung von Futtermitteln und für Kontrollen auf sämtlichen Stufen der Produktion. Der Bereich Wildtierfütterung hielt bisher, sowohl was die Aufklärung in rechtlicher Hinsicht als auch die Kontrolle betrifft, einen Dornröschenschlaf.

Zumindest Jäger, die zugleich Landwirte sind, müssten jedoch wissen, dass sie auch in der „Primärproduktion", wie bei der Gewinnung und dem Einsatz von Futtermitteln und der Dokumentation des Einsatzes von zugekauften und selbst produzierten Futtermitteln als Futtermittelunternehmer und in der Gewinnung von Wildbret als Lebensmittelunternehmer gelten. Auslöser für strengere Bestimmungen zur Fütterung waren unter anderem der „Dioxin-Skandal" sowie weitere Anlassfälle mit Rückständen in Futtermitteln, die die Lebensmittelsicherheit gefährdeten.

„Sichere Futtermittel"

Seit Jänner 2006 gelten auch für Landwirte, die hofeigene Futtermittel herstellen und Tiere für die Lebensmittelproduktion füttern, neue gesetzliche Bestimmungen [VO (EG) 183/2005]. Diese Bestimmungen gelten natürlich auch für die Fütterung von lebensmittelliefernden, jagdbaren Wildtieren.

Wesentliche Inhalte der Verordnung sind allgemeine Bestimmungen zur Futtermittelhygiene, Regelungen für die „Gute Fütterungspraxis", die Sicherstellung der Rückverfolgbarkeit (Aufzeichnung über alle Zukauffuttermittel!) sowie Zulassung und Registrierung von Betrieben und die Kontrollen. Ausgenommen von der Verordnung sind lediglich die Futter- und Lebensmittelproduktion für den Eigenbedarf sowie die Herstellung von Futter für nicht lebensmittelliefernde Tiere (z. B. Hunde, Katzen).

Jeder Betrieb, der Futtermittel herstellt, lagert, transportiert oder in Verkehr bringt (dazu zählt auch das Verfüttern), muss bei der zuständigen Behörde gemeldet sein; für landwirtschaftliche Betriebe wird die Betriebsnummer herangezogen. Betriebe, die Futtermittel mit anderen Zusatzstoffen als Silierhilfsmittel produzieren, müssen auch ein Zulassungsverfahren durchlaufen.

Es gilt der Grundsatz, dass nur sichere Futtermittel in Verkehr gebracht und verfüttert werden dürfen und dies auch durch Eigenkontrolle zu gewährleisten ist. Darüber hinaus ist eine Verunreinigung von Futtermitteln durch Pflanzenschutzmittel, Düngemittel, Abfälle, Tiermehl, Schimmelpilze, gefährliche Stoffe usw. zu vermeiden. Futtermittelberührende Oberflächen sind sauber zu halten. So dürfen z. B. keine leeren Düngemittelsäcke als Futtermittelgebinde verwendet werden, da sie die Gefahr der Verunreinigung des Futtermittels bergen.

Mindestaufzeichnungen bei der Fütterung von lebensmittelliefernden Tieren betreffen sämtliche zugekaufte Futtermittel, die Verwendung von Bioziden (z. B. Holzschutzmittel, Insektenspray) und Pflanzenschutzmitteln, den etwaigen Einsatz genetisch veränderter Saaten, aufgetretene Schädlinge oder Krankheiten mit Auswirkungen auf die Futtermittelsicherheit sowie Untersuchungs- und Analyseergebnisse.

Düngemittelsäcke dürfen nicht als Futtermittelgebinde verwendet werden

Die „Salzfrage", (vitaminisierte) Mineralstoffmischungen

In den meisten Landesjagdgesetzen wird die Vorlage von Salz (Bergkern, Viehsalz) nicht erwähnt, aber geduldet. Als Ersatz für den Bergkern werden hin und wieder auch Ergänzungs- oder Mineralfuttermittel vorgelegt. Bei diesen Futtermitteln ist einerseits zu beachten, dass sie normalerweise in sehr geringen Prozentsätzen (rund 1 bis 2,5 %) in andere Futtermittel eingemischt werden und daher die Gefahr beispielsweise einer Vitamin-A- oder D-Überdosierung bzw. -Vergiftung gegeben ist und andererseits bei Verwendung von weiteren Futtermittelkomponenten (wie Melasse, Haferflocken, Mais, Weizenkleie) eine zusätzliche Lockwirkung besteht und eine Vorlage damit unter den Begriff „Kirrung" fällt. Eine Rotwildfütterung außerhalb von genehmigten Fütterungsstandorten ist in den meisten Bundesländern verboten.

Verbotene Futtermittel – nicht sichere Lebensmittel

Der derzeitige Wildwuchs an Angeboten für meist nicht als Futtermittel zugelassene Wildlock- und Wildkirrmittel, Lockpasten und Ergänzungsfuttermittel (falls nicht zugelassen > verbotene Stoffe, verbotene Futtermittel) sowie die Verfütterung von selbst hergestellten Futtermischungen mit nicht für Wiederkäuer zugelassenen Bestandteilen birgt ein erhebliches (Straf-)Risiko für den Lebensmittelunternehmer Jäger. Ein durch die Verwendung nicht zugelassener Futtermittel provozierter „Wildfleischskandal" sollte uns erspart bleiben.

Wenn lebensmittelliefernde Tiere – wozu natürlich auch unser Schalenwild zählt – mit nicht zugelassenen Futtermitteln gefüttert werden, gelten Lebensmittel, die aus diesen Tieren nach ihrer Erlegung bzw. Schlachtung (Farmwild) gewonnen werden, als „nicht sichere Lebensmittel" und dürfen nicht in Verkehr gebracht werden! Die Verantwortung dafür trägt der Lebensmittelunternehmer Jäger bzw. der Farmwildhalter.

Futtermittel, auf deren Produktinformation bestimmte Tierarten speziell angeführt sind, dürfen auch nur an diese Tierarten verfüttert werden (z. B. Putenstarter, Milchviehfutter, Kälbermilchaustauscher), denn es ist leicht möglich, dass Futtermittelzusätze, wie sie z. B. in Geflügelfutter beigemischt werden, an (Wild-)Wiederkäuer nicht verfüttert werden dürfen oder Futtermittel für andere Tierarten sogar gesundheitsschädlich sein können (z. B. Mineralstoffmischungen für Rinder führen bei Muffelwild und vermutlich auch Rehen wegen des hohen Kupfergehaltes zu Kupfervergiftungen). Vermutete Untugenden aus jüngerer Zeit, nach denen an Rotwild beispielsweise Putenfutter verfüttert wird, stellen damit verbotene Fütterungen dar.

Verdorbenes Futter

Mangelhafte Futterhygiene hat zahlreiche Folgen, wie Verminderung des Nährwertes und der Schmackhaftigkeit des Futters, Erhöhung der Nährstoffverluste durch Erwärmung des Futters, Rückgang der Futteraufnahme bis hin zur Futterverweigerung, Leistungseinbußen und Gesundheitsschäden, Erhöhung des Erkrankungsrisikos sowie eine mögliche Beeinträchtigung tierischer Produkte.

Rieselfähigkeit sowie Klumpenbildung im Futter, Erwärmung und ungewöhnliche Geruchsbildung sind Warnhinweise auf den einsetzenden Futtermittelverderb. Verdorbenes Futter darf nicht verfüttert werden und ist sofort aus dem Fütterungsbereich zu entfernen.

Das jahrelang mühsam aufgebaute positive Image des Wildbrets könnte über Fehler in der

Diese verschimmelte Maissilage darf nicht mehr verfüttert werden!

Rechtliches zur Fütterung

Wildfütterung rasch zunichte gemacht werden. Die derzeitige Praxis der Fütterung von Wild – unabhängig, ob in freier Wildbahn, in Jagdgattern oder in landwirtschaftlichen Wildtiergattern – entspricht nicht immer den gesetzlichen Bestimmungen und schon gar nicht den Anforderungen für die biologische Landwirtschaft – das sollte uns zu denken geben.

Zwischen Fütterungsgebot und -verbot

Die österreichischen Landesjagdgesetze gewähren im Hinblick auf die Winterfütterung von Reh- und Rotwild erheblichen Spielraum, so dass in Abhängigkeit von den regionalen Rahmenbedingungen und Zielsetzungen der Umfang der Fütterung flexibel gehandhabt werden kann. In jedem Fall ist die Entscheidung an bestimmte Voraussetzungen und Einschränkungen geknüpft und jeweils ein Einschreiten der Behörde vorgesehen, wenn diese nicht erfüllt bzw. eingehalten werden.

Dieser gesetzliche Freiraum ist vorteilhaft, weil damit eine flexible Anpassung der Schalenwildbewirtschaftung an unterschiedliche Zielsetzungen und an sich ändernde Rahmenbedingungen ohne Gesetzesänderungen möglich ist. Extreme Vorgaben oder Beschränkungen, wie z. B. eine generelle Fütterungsverpflichtung oder ein generelles Fütterungsverbot, sind zu unflexibel und würden im Grundeigentümer-Jagd-System österreichischer und deutscher Prägung auch das Eigentumsrecht erheblich einschränken (und eventuell sogar verfassungsrechtlich problematisch sein).

Die rechtliche Situation zur Wildfütterung in Mitteleuropa ist sehr unterschiedlich und oft zwischen benachbarten Bundesländern stark divergierend

Ländervergleich zur Fütterung von Wild

Oftmals wird die Winterfütterung als Grund für einen Anstieg der Wilddichte und als Ursache für eine „Überhege" angeprangert. Steigende Abschusszahlen werden in diesem Zusammenhang üblicherweise als Indikator für einen Populationsanstieg angeführt.

Die folgende Tabelle zeigt im Ländervergleich durchwegs steigende Abschusszahlen – unabhängig davon, ob gefüttert wird oder nicht.

Land	Rotwild Abschuss (Höhe) + Trend (Faktor)				Fütterung	
	1950	2005	Faktor	Anmerkung	Gesetz	Praxis
Norwegen	1000	25000	25	ab 1990 stark angestiegen	kA	keine Tradition zur Fütterung von Cerviden in großem Maßstab
Schweden	50	2800	56	ab Mitte 90er starker Anstieg	kA	spärliche Verbreitung von Rotwild im Norden abhängig von Fütterung; keine offiziellen Fütterungsprogramme; manchmal durch private Initiative
Dänemark	700	3400	4,9	starke regionale Unterschiede der Rotwilddichten; Abschuss männlich (> 2 J.) = 59 %)	gesetzlich nicht vorgeschrieben aber auch nicht verboten; Ankirren für Jagd jedoch verboten	selten
Belgien	kA	3000	kA	„Population geschätzt: 1980: 11.000; 2005: 15.000"	Fütterung nicht verboten; jagdliches Ankirren verboten	Winter mild –> kein Bedarf für winterliche Fütterung
Österreich	12000	49615	4,1	in 70ern einige Jahre über 40.000 Abschuss	„(war) in manchen Bundesländern in Notzeiten vorgeschrieben in anderen erlaubt, um Wildschäden zu verhindern"	systematisch, regelmäßig auch Wintergatter (Schälschäden, Tourismus); Fütterung auch als Instrument zur Lenkung von Rotwild, funktioniert aber oft nicht
Slowenien	2264	4923	2,2	kA	Vorschriften zu Futterperioden und Futtermittel festgelegt in den 10-jährigen Managementplänen für jede der 14 Wildtier Management-Regionen	regelmäßig und systematisch während Winter; Futter: Heu, Zuckerrüben, Äpfel und Mais; Motive: Verhinderung von Schälschäden; Untersuchung: Einfluss auf Wald vorallem in Fütterungsnähe verstärkt

Rechtliches zur Fütterung

Rehwild						
	Abschuss (Höhe) + Trend (Faktor)				Fütterung	
Land	1950	2005	Faktor	Anmerkung	Gesetz	Praxis
Norwegen	1000	30000	30	starker Anstieg ab 1985 mit Peak Mitte der 90er (60.000)	kA	„Süd-Ost Norwegen (kontinentales Klima) regelmäßige Rehwildfütterung; großteils durch Nichtjäger (emotionale Gründe); Fütterung sehr selten durch Managementeinheiten um Mortalität zu senken"
Schweden	20000	150000	7,5	Frühe 1990er fast 400.000 Stück/Jahr	kA	„in ganz Schweden praktiziert; Abnahme durch milde Winter der letzten Jahre; wahrscheinlich Rehwildvorkommen in N-Schweden nur aufgrund Winterfütterung; keine offiziellen Fütterungsprogramme nur auf private Initiative"
Dänemark	20000	110000	5,5	Ende 19. Jhdt. In vielen Landesteilen verschwunden; starkes Populationswachstum zwischen 1970 und 1990; ca. 50 % des Abschusses adulte Böcke	„gesetzlich nicht vorgeschrieben aber auch nicht verboten; Ankirren für Jagd jedoch verboten"	Fütterung selten
Belgien	kA	20.000	kA	Population geschätzt: 1980: ca.35.000; 2005: 60.000	Fütterung nicht verboten; jagdliches Ankirren verboten	Fütterung manchmal um Straßenfallwild zu vermeiden; von Jägern um Wilddichte zu erhöhen bzw. Rehe im eigenen Revier halten
Österreich	60000	280474	4,7		(war) in manchen Bundesländern in Notzeiten vorgeschrieben, in anderen BL erlaubt um Wildschäden zu verhindern	systematisch, regelmäßig
Slowenien	22596	42393	1,9	kA (Strecke 1975: 2.596])	Fütterung speziell für Rehwild verboten	manchmal Besuch von Rotwild- Wildschwein Fütterungen

Auszug einer Auswertung von Mathias Deutz und Fritz Völk (2021)

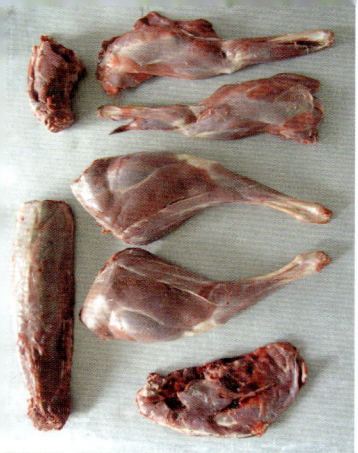

Futtermittelsicherheit – Der Jäger als Lebensmittelunternehmer

Jäger sind sich ihrer Rolle als Lebensmittelunternehmer auch in der Behandlung des von ihnen erlegten Wildbrets noch nicht immer bewusst. Zusätzlich zur Wildbrethygiene ist zu berücksichtigen, dass zu einer transparenten Lebensmittelproduktion ganz wesentlich auch der Bereich Fütterung und Futtermittel dazugehört.

Mit der Vereinheitlichung des Hygienerechtes für Lebensmittel (EU-Verordnungen 178/2002, 852/2004, 853/2004 und 854/2004) ergaben sich wesentliche Änderungen im Hinblick auf die Verantwortlichkeiten der Lebensmittelunternehmer und auf die Untersuchung von Wildbret. So wurde die Organbeurteilung erweitert, die Verantwortung des Jägers erhöht sowie die Direktvermarktung neu geregelt. „Besonders geschulte Hilfskräfte" werden nun „Kundige Personen" genannt.

Grundtenor des „Hygienepaketes" und der „simplification" ist das Abweichen von starren Normen, dafür aber eine Steigerung der Verantwortung jedes Lebensmittelunternehmers und ein hohes Schutzniveau für den Verbraucher durch die Sicherung der Lebensmittel von der Primärproduktion (= Jagd) bis zur Abgabe an den Verbraucher. Jäger, selbst wenn sie kein Wild direkt vermarkten, sondern an einen Wildhändler abgeben oder nur verschenken, sind nun nach der Lebensmittelhygiene-Verordnung (EU) 178/2002 Lebensmittelunternehmer!

Futtermittelsicherheit – Der Jäger als Lebensmittelunternehmer

Für die Direktvermarktung von Wildbret gelten je nach Wildkategorie, Verarbeitungsgrad und Abnehmerkreis unterschiedliche Vorschriften, die z. T. national zu regeln sind. Nicht zuletzt im Zusammenhang mit dem guten Image des Wildfleisches und der steigenden Direktvermarktung von Wildfleisch ist auf die Verantwortung des Lebensmittelunternehmers „Jäger" hinzuweisen. Auf allen Stufen der Lebensmittelerzeugung ist eine Rückverfolgbarkeit der Produkte gefordert. Diese Forderung schließt die Fütterung voll mit ein (z. B. Belege über Zukauffuttermittel 3 Jahre aufbewahren). Die Wildfütterung kann positive, aber auch negative Auswirkungen auf die Wildtiergesundheit und somit auf das Lebensmittel Wildbret/Wildfleisch haben.

Die Lebensmittelsicherheit von Wildbret braucht Futtermittelsicherheit

- Jahreszeitliche Unterschiede im Bedarf
- Hunger und Fresstrieb
- Erhaltungs- und Sättigungssubstanzen – Gesetz des Minimums
- Futterabhängigkeit
- Erhaltung der Körpertemperatur
- Jahreszeitliche Schwankungen im Nährstoffbedarf

Leiden Wildtiere Hunger?

Jahreszeitliche Unterschiede im Bedarf

Ansätze zur Wildfütterung begannen vor etwa 200 Jahren, ernsthaftere Bemühungen wurden ab etwa 1900 unternommen. Dabei wurde Vieles aus der Fütterungslehre der Hauswiederkäuer übernommen. Erst vor etwa 50 Jahren klärten uns Wildbiologen wie Hofmann oder Bubenik auf, dass Wildtiere andere Ernährungsgewohnheiten haben und es zudem unter den Wildwiederkäuern sehr unterschiedliche Äsungs- und damit Futtertypen gibt.

Hunger zu haben, ist nichts Unnatürliches, Notsituationen können aber in der Kulturlandschaft durch den Menschen erheblich verschärft werden. Denken wir nur an ausgeräumte Lebensräume oder an energiezehrende Fluchten durch Störungen bei hohen Schneelagen, die Leiden provozieren.

Bereits REUSS (1968) und Herzog ALBRECHT von BAYERN (1975) warnten davor, dass die „Halbdomestizierung des Wildes" durch nutztierähnliche Verfahren in der Wildfütterung den Wald gefährden können, weil so der Drang nach balancierter Äsung in Raum und Zeit nicht befriedigt werden kann. Weiters folgern die Autoren, dass Fütterungszeit und Lage der Fütterungen ebenso wichtig seien wie die Qualität des Futters. Das Futter muss unbedingt noch eine dem Verdauungstrakt angepasste Struktur haben und für die Verdauung nötige „Reiz- und Hemmstoffe" enthalten.

Durch Winterfutter mit hohen Energie- und Eiweißgehalten werden Wildwiederkäuern, bei denen natürlicherweise die Verdauungsphysiologie starken jahreszeitlichen Schwankungen (z. B. Länge und Dichte der Pansenzotten) unterworfen ist, bessere Umweltbedingungen „vorgetäuscht", als sie tatsächlich gegeben sind. WÖLFEL (2006) spricht in diesem Zusammenhang davon, dass man in manchen Revieren im Alpenraum Rehen im Winter die Toskana vorspielt.

Die Fütterung ist grundsätzlich als Eingriff in die Natur zu sehen
Die Rangordnung spielt an der Fütterung eine große Rolle

Hunger und Fresstrieb

Hunger und Fresstrieb zwingen das Wildtier Äsung zu suchen bzw. auszuwählen. Das Verspüren von Hungergefühlen kann zwei verschiedene Ursachen haben. Entweder der Magen signalisiert über seine Nervenversorgung, dass er nur mäßig gefüllt oder leer ist, oder der Magen ist zwar gefüllt, aber die Nahrungsbestandteile waren unausgewogen. Einige Nährstoffe müssen dann ergänzt oder ihre Verdauung muss durch andere herabgesetzt werden, um Verdauungsproblemen vorzubeugen (BUBENIK, 1984).

Reize für das Hunger-/Sättigungszentrum im Gehirn scheinen beim Menschen vorwiegend vom Blutzuckergehalt und beim Wiederkäuer vom Gehalt an kurzkettigen Fettsäuren im Blut auszugehen. Die Suche nach Futter und nach bestimmten Futtereigenschaften wird durch den Fresstrieb ausgelöst und über das Fresszentrum im Gehirn kontrolliert.

Der Fresstrieb kann auch durch Stimmungsübertragung zwischen Tieren ausgelöst werden, wenn einem äsenden Stück zugesehen wird. Auf diese Weise stimulierter Hunger und wirklicher Hunger können sich addieren, wenn ein hungriges Tier ein äsendes bzw. Futter aufnehmendes Tier sieht, ohne selbst mitäsen zu können. Solche Situationen ergeben sich oft an Fütterungen, wenn rangniedrigere Tiere bei einem Mangel an Futterplätzen noch warten müssen. Unnötig erhöhte Schäl- und Verbissschäden im Fütterungsbereich können die Folge sein.

Erhaltungs- und Sättigungssubstanzen – Gesetz des Minimums

Die Erhaltungssubstanzen (BUBENIK, 1984) dienen der Sicherung und Bewahrung des tierischen Lebens und der Erhaltung normaler Körperfunktionen und sind daher unverzichtbar. Hierzu gehören die Eiweißstoffe und ihre Bausteine, die Kohlenhydrate und mehrere Mineralstoffe, wie Natrium, Kalzium, Phosphor und Magnesium.

Der Bedarf an anderen notwendigen Elementen („Spurenelementen") ist so gering, dass nur ausnahmsweise ein Mangel auftritt, wie in unseren Breiten z. B. bei Selen.

Den Bedarf an Erhaltungssubstanzen bestimmen das Alter und Geschlecht des Tieres, die Jahreszeit sowie der Nährstoffgehalt der Äsung/des Futters. Die Nährstoffverwertung folgt nämlich dem Gesetz des Minimums. Wenn ein Nährstoff ungenügend vertreten ist, wird von dem überschüssigen Nährstoff nur so viel verbraucht, dass das Verhältnis zu dem anderen (ungenügend vorhandenen) Nährstoff ausgewogen bleibt. Solche Fälle kommen z. B. während des Geweihschiebens (Kolbenperiode) vor, wenn Kalzium oder Phosphor in der Äsung zu niedrig ist und deswegen schwache Geweihe geschoben werden. Ein anderes Beispiel ist Natriummangel und Kaliumüberschuss in Pflanzen, wo das erstere zurückgehalten und das letztere verstärkt ausgeschieden wird. Wird aber bei Sulzen viel Salz (Natriumchlorid) aufgenommen, so muss der Natrium-Überschuss durch Wasseraufnahme verdünnt und über den Harn ausgeschieden werden. Übermäßige Salzvorlage ohne Möglichkeit zu höherer Wasseraufnahme ist eine Stoffwechsel- und Kreislaufbelastung und kann außerdem Verbiss provozieren.

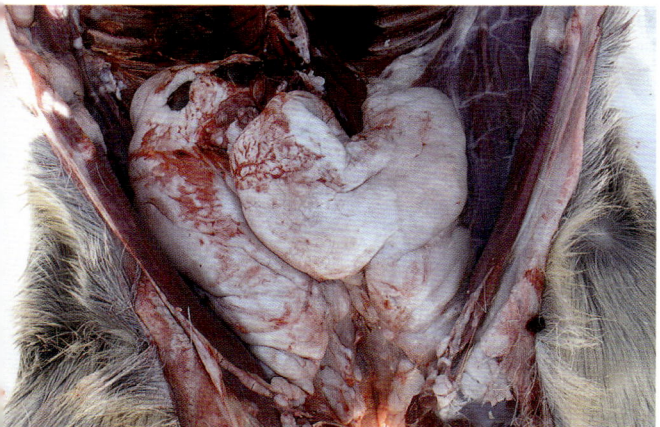

Rehgeiß mit 836 Gramm Nierenfeist Anfang Dezember – immer seltener zu beobachten

Sättigende Substanzen in der Äsung bzw. im Futter sind Fette und Kohlenhydrate, die Betriebsenergie für Bewegung und Wärme liefern. Wildtiere mit ausreichenden Feistreserven (= Fettreserven) können bei Extremwetterlagen einige Tage ohne oder mit minimaler Äsungsaufnahme überstehen. Man denke nur an das Einschneien lassen von Rehwild oder die sogenannten „Steinhirsche" in Almregionen. Dazu notwendig sind bei Rehwild beispielsweise Nierenfeistmengen bei Geißen und Böcken von ca. 350 g und bei Kitzen von ca. 150 g Anfang Dezember. Diese Feistmengen finden wir aber heute bei unserem Rehwild nur noch selten. Über Gründe dafür liegen noch keine endgültigen Erklärungen vor, es ist aber sehr wahrscheinlich, dass daran auch der innerartliche Stress in der Umgebung von Fütterungen und Fütterungsfehler (wie chronische Pansenübersäuerung) beteiligt sind.

Futterabhängigkeit

An Fütterungen gewöhntes und davon abhängiges Wild, das noch dazu in Revierteilen gebunden wird, in denen es sich sonst im Winter zumindest nicht in so hohen Dichten finden würde, leidet bei einer Unterbrechung der Fütterung, z. B. wegen Lawinengefahr oder extremer Schneelage, extreme Hungersnot, da es einerseits an hohe Energie- und Eiweißdichten des Futters gewöhnt ist und andererseits in diesen Revierteilen oft nicht ausreichend natürliche Äsung vorfindet. Ungefüttert würde ein Großteil des Wildes im Herbst in günstigere Wintereinstände ziehen (auch Rehe!). Daher müssen Fütterungsstandorte wohlüberlegt sein, sonst ist es besser, nicht zu füttern.

Über die „Notzeitfütterung" flachen wir stärkere Bestandsschwankungen, wie sie durch extreme Witterungsereignisse verursacht werden, ab. Die so genannte „Fitness" einer Population stärken wir damit aber sicher nicht. Interessant wird in diesem Zusammenhang auch die Entwicklung von Populationen unter dem Einfluss des Klimawandels – hat man doch beispielsweise in Norwegen erkannt, dass die Durchschnittsgewichte von Rotwildkälbern nach milden Wintern geringer waren.

Bei Gams- und Steinwild – noch dazu in extremen Lagen – ist eine Fütterung nicht vorgesehen

Erhaltung der Körpertemperatur

Grundsätzlich haben die meisten Wildtiere vom Wärmehaushalt her größere Schwierigkeiten mit Temperaturen, die über rund 28 °C liegen, als mit Minusgraden. Das Haar hat eine wichtige Funktion bei der Wärmeregulation. Zusätzlichen Schutz gegen Kälte bieten das Unterhautfettgewebe, Stoffwechselanpassungen sowie spezifische Verhaltensweisen.

Die Sommerhaare sind meist heller und die Wollhaare kürzer und weniger dicht, außerdem werden die Haare glatt angelegt.

Das Winterhaarkleid dagegen ist bedeutend dichter, verfügt über längere Wollhaare als Isolierschicht und ist zumeist dunkler, was die Wärmeaufnahme bei Sonnenschein erhöht. Bei tiefen Temperaturen werden die Haare aufgerichtet, um durch die zwischen den Haaren befindliche, unbewegte Luftschicht (Luft hat nur ein geringes Wärmeleitvermögen) einer Abkühlung entgegenwirken. Winterhaare sind bei einigen Tierarten hohl und luftgefüllt, was eine zusätzliche Isolierung bedeutet.

Bei tiefen Temperaturen wird beim Ruhen versucht, durch Einrollen des Körpers und möglichst dichtes Anlegen der Läufe die Körperoberfläche klein zu halten. Die Wärmeverlustrate ist sehr abhängig vom Verhältnis Körperoberfläche zu Körpergewicht, d. h. kleinere, leichte Tiere haben im Verhältnis zum Körpergewicht eine relativ große Körperoberfläche und damit höhere Wärmeabgaben.

Für die Gewinnung von Energie werden Vorräte angelegt, wobei zwischen der rasch verfügbaren Energie aus Glykogen und der wohl besser speicherbaren, aber nicht so rasch verfügbaren Energie aus den Fettdepots unterschieden wird. Glykogendepots befinden sich in Leber und Muskulatur, Fettdepots unter der Haut, in der Bauchhöhle (Nieren- und Gekrösefett), an der Herzbasis und in den langen Röhrenknochen.

Die Wärmebildung findet beim ruhenden Organismus hauptsächlich in den Stoffwechselorganen statt, bei tiefen Temperaturen wird diese durch Steigerung des Zellstoffwechsels (Fettgewebe, Leber und Muskulatur) sowie durch Kältezittern (gesteigerter Muskelstoffwechsel) unterstützt. Durch zusätzliche aktive Muskeltätigkeit kann die Wärmebildung bei Extremtemperaturen auf das Fünffache ansteigen. Wärme wird in großen Mengen aus dem Fettabbau von Depotfett (Unterhaut, Bauchhöhle) gewonnen.

Der Wärmeaustausch zwischen Tieren und ihrer Umgebung erfolgt durch Wärmestrahlung, Wärmeleitung sowie Konvektion (Wärmeentzug durch Luft, Wasser, Schweiß). Die Wärmerezeptoren in der Haut können bereits Temperaturunterschiede von 1 °C wahrnehmen, was der Grund dafür sein dürfte, dass Wildtiere auch kleinere Wärmequellen, wie die durch die Infrarotstrahlung des Nadelchlorophylls produzierte Wärme, spüren können und daher im Winter gern unter Schirmfichten ruhen.

Bei ungefüttertem Rot- und Rehwild ist der Stoffwechsel im Hochwinter stark gedrosselt

Die Abkühlung hängt direkt von der Geschwindigkeit des Wärmeaustausches und damit von der Windgeschwindigkeit und der Luftfeuchte ab. Tiefe Temperaturen bei trockener Luft und Windstille werden wesentlich besser ertragen als mildere Temperaturen bei Regen und Wind. In kalter Umgebung wird die Durchblutung der Körperschale reduziert und damit der Wärmetransport zur Körperoberfläche, also der Wärmeverlust, eingeschränkt. Dabei kann die Hauttemperatur an den Extremitäten auf wenige Grad oberhalb des Gefrierpunktes absinken. Ab ungefähr –30 °C besteht Erfrierungsgefahr für nackte und wenig behaarte Hautstellen.

Windge-schwindig-keit (km/h)	Bei Außentemperaturen von						
	+10 °C	+5 °C	–1 °C	–7 °C	–12 °C	–18 °C	–23 °C
	bedeutet dies auf nackter Haut (in °C)						
Windstille	+10	+5	–1	–7	–12	–18	–23
16	+5	–2	–9	–16	–22	–30	–38
32	0	–8	–16	–23	–32	–39	–47
64	–4	–12	–21	–30	–36	–47	–55

Durch Windgeschwindigkeit verursachte Abkühlung der Haut (n. BUBENIK, 1984)

Bei Tieren, die einen Winterschlaf oder eine Winterruhe halten, wird der Wärmeverlust durch Absenkung der Körpertemperatur sowie durch die Drosselung des Stoffwechsels stark eingeschränkt. Es ist aber auch z. B. von Weißwedelhirschen bekannt, dass sie vorübergehend ihre Körpertemperatur auf 35 °C und in Extremfällen bis auf 25 °C absenken können, was die Temperaturdifferenz zur kalten Umgebung und damit den Wärmeverlust senkt und auch die Stoffwechselvorgänge verlangsamt. Ähnliches wird auch für Reh, Elch und Gams vermutet (BUBENIK, 1984).

ARNOLD (2002) beschrieb den „verborgenen Winterschlaf" des Rotwildes, bei dem Rotwild sich rund ein Drittel des Tages mit reduzierter Wärmeproduktion und Pulsrate in einem Energiesparzustand befindet. Durch den natürlicherweise geringeren Eiweißgehalt der Äsungspflanzen im Winter ist auch die für die Verdauungstätigkeit aufzuwendende Energie und damit die „Verdauungsabwärme" geringer. Zusätzlich beschränkt sich die Aktivität der Tiere im Winter überwiegend auf die Nahrungsaufnahme – Vorraussetzung ist aber Ruhe im Lebensraum.

Jahreszeitliche Schwankungen im Nährstoffbedarf

Obwohl man annehmen würde, dass Wildwiederkäuer im Winter aufgrund der ungünstigen Witterung (Kälte, Wind, Nässe) mehr Energie verbrauchen und daher auch mehr Nahrung aufnehmen müssten, ist offenbar das Gegenteil der Fall.

Neben der isolierenden Winterdecke zusammen mit dem im Sommer-Herbst angelegten Feist sind hier sicherlich die herabgesetzte Aktivität und beim Rehwild auch die Keimruhe mitverantwortlich dafür, dass unsere Wildwiederkäuer im Winter von Natur aus eine verminderte Nahrungsaufnahme zeigen. Auch die innere Körpertemperatur kann unter Ruhebedingungen bei Kälte zum Zwecke der Energieeinsparung stark herabgesetzt werden (ARNOLD, 2004).

Wildtiere lassen sich auch trotz Einstandsmöglichkeit einschneien – Ruhe bedeutet Wohlbefinden!

Energieverbrauch

Aktivität
z. B. Nahrungssuche, Fliehen, Kämpfen

Fortpflanzung
Tragzeit, Milchproduktion

Verdauung
Zerkleinern und Aufschluss der Nahrung, Aufnahme der Nährstoffe aus dem Verdauungstrakt, Aufbau von z. B. Muskeln oder Fett daraus

Wärmeregulation
Verhindern von Unterkühlung und Überhitzung, z. B. durch Kältezittern, Schwitzen

Grundumsatz
Erhaltung der Organe, Muskeln, der Körperwärme etc., sozusagen das „Standgas" des Lebens

Zusammensetzung des Energieverbrauchs (ARNOLD, 2004)

Die Schlussfolgerungen für den Revierbetreuer können wie folgt zusammengefasst werden:

- Jede Form der Beunruhigung des Wildes muss in der vegetationslosen Zeit vermieden werden
- Ungestörte Wintereinstände sind dringend erforderlich
- Alle jagdlichen Aktivitäten sollten spätestens bis Weihnachten abgeschlossen sein
- Wildwiederkäuergerechte Fütterungsbedingungen schaffen und erhalten
- Der Nährstoffbedarf von Wildtieren ändert sich im Verlauf der Fütterungsperiode
- Die Ration sollte zeitlich in 3 Phasen unterteilt werden

Eigenarten des Rehs

Die Vormägen des Slektierers Reh weisen gegenüber anderen Wildwiederkäuern ein geringeres Fassungsvermögen (Pansenvolumen Rehwild ca. 6 % der Körpermasse, Rotwild 15 %), dichtere Pansenzotten, weniger Unterteilungen und größere Öffnungen auf. Daher benötigen Rehe mehr Äsungsperioden (im Sommer 8–10, im Winter 5–7, relativ gleichmäßig über 24 Stunden verteilt) zur Füllung.

Dies führt zu höheren Passageraten des Futterbreis, weshalb Rehe auf nährstoffreichere, leicht verdauliche Äsung angewiesen sind. Und das bedeutet auch, dass Rehe rund um die Uhr die Möglichkeit haben müssen, zur Fütterung ziehen zu können (Auswahl des Standortes!). Im Gegensatz zum Rotwild sind Rehe deutlich wählerischer und suchen sich natürlicherweise Knospen, Kräuter, Blüten, junge Blätter usw., die reich an gelösten Zellinhaltsstoffen sind („Selektierer"), wobei die Äsungswahl hauptsächlich auf geruchlichen Reizen basiert.

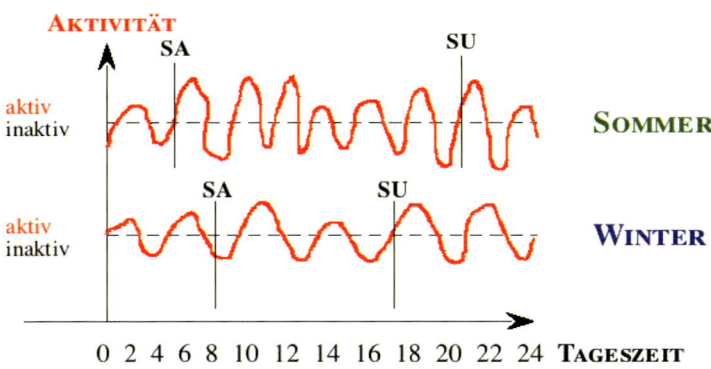

Aktivitäts- und Ruhephasen beim Rehwild im Tagesverlauf (n. von BERG, 1978). Rehe müssen auch tagsüber zur Fütterung ziehen können! (SA … Sonnenaufgang, SU … Sonnenuntergang)

Neben dem Tagesrhythmus der Äsungsaufnahme gibt es beim Rehwild und anderen Schalenwildarten einen Jahresrhythmus des Energiebedarfes. Von Oktober bis Dezember besteht ein erhöhter Nahrungsbedarf (Feistbildung). Ab Mitte Dezember bis Mitte Februar geht die Äsungsaufnahme zurück, weiters findet auch eine Rückbildung der Pansenzotten statt.

Im Hochwinter sollten deshalb die Energiedichte und der Eiweißgehalt des Futters reduziert werden, um Verdauungsstörungen und das Fettlebersyndrom zu vermeiden. Im Nachwinter und Frühjahr gibt es einen starken Anstieg des Nahrungsbedarfes, der im Juni erneut zum Feistansatz führt.

Im Winter ist für ungefüttertes Rehwild leicht verdauliche Äsung mit löslichen Nährstoffen kaum vorhanden, außer wenn Brombeer- und Himbeersträucher o. Ä. erreichbar sind. Da in dieser Zeit auch weniger Pansenbakterien im Pansensaft sind, erreicht die bei Rehen ohnehin geringe Fähigkeit zur Zelluloseverdauung ihren absoluten Jahrestiefpunkt. Eine Notfütterung allein mit Heu mit geringem Blattanteil oder von mittlerer bis minderer Qualität kann von Rehen deshalb nicht verwertet werden (HOFMANN, 2008).

Jahreszeitliche Schwankungen der Wildbretgewichte

Rehe versuchen, nach sommerlicher Energie zehrender Milchbildung (Geißen) und Brunft (Böcke) rechtzeitig vor dem äsungsarmen Winter die starken Substanzverluste auszugleichen und Feist anzusetzen. Der sonst im Vergleich zu anderen Wiederkäuern kleine Rehpansen hat im Herbst das größte Fassungsvermögen. Aber selbst dann wird er nie voll geäst, und eine Schichtung aufgenommener Pflanzenteile (wie bei grasfressenden Wiederkäuern) gibt es aufgrund der anderen Äsungswahl und schwächeren Pansenbewegungen nicht.

Die jahreszeitlichen Schwankungen der Wildbretgewichte bewirken hauptsächlich der Haarwechsel, das unterschiedliche Nahrungsangebot im Jahresverlauf, die Witterung sowie besondere Belastungen (Brunft, Trächtigkeit, Milchbildung). Böcke erreichen ihr Höchstgewicht im Juni/Juli vor der Brunft. Brunftbedingt sinkt die Körpermasse im August, um sich im September wieder etwas zu erholen, aber im Oktober durch die erhöhte

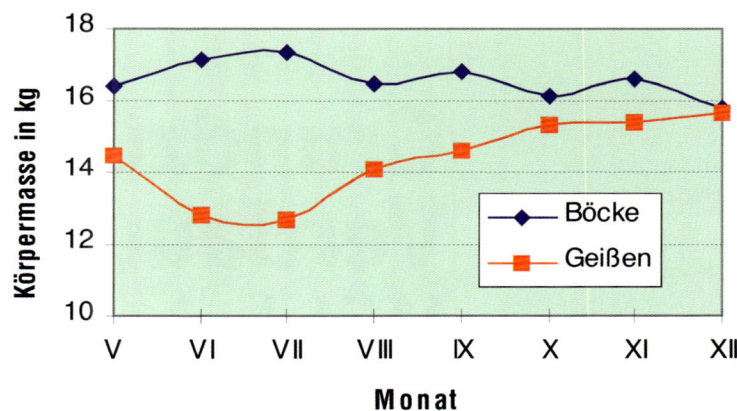

Verlauf der Körpermasse von erwachsenen Rehen (n. STUBBE, 1997)

Stoffwechselaktivität während des Haarwechsels erneut abzusinken. Dieser Knick im Oktober wurde auch bei einjährigen Rehen und Kitzen ohne Brunftaktivität beobachtet (STUBBE u. PASSARGE, 1979). Den jahreszeitlichen Gewichtsschwankungen von rund 1 kg bei Böcken stehen solche von 3 kg bei Geißen gegenüber, die im Juni/Juli besonders durch die Milchbildung (Stoffwechselbelastung) verursacht sind.

Sowohl bei Rot- als auch bei Reh- und Gamswild lagen die Durchschnittsgewichte aller Altersklassen im und nach dem Extremsommer 2003 durch Hitzestress und Wassermangel deutlich unter jenen der beiden vorhergehenden Jagdjahre. Das Durchschnittsgewicht von Rehen und Gamswild war in der Steiermark um 0,5 kg niedriger, das von Rotwild um 1,0 kg. Der relativ höhere Gewichtsverlust bei Rehen resultierte vermutlich aus der sehr territorialen Lebensweise des Rehwildes im Sommerhalbjahr, welche bewirkte, dass ungünstige (wasserarme) Lebensräume nicht einfach verlassen werden konnten.

Herbst ist Anfang des Rehjahres

BUBENIK (1984) bezeichnet den Herbst als Anfang des Rehjahres, wenn es ums Überleben des Wildes im Winters geht. Damit ist gemeint, dass die dafür nötigen Fettreserven von September bis Anfang Dezember angelegt werden müssen. In Untersuchungen zum Energiebedarf des Rehwildes wies er nach, dass Rehe einen 90-tägigen Winter mit normalen Gewichtsverlusten von 20–25 % bei karger Nahrungsversorgung nur mit Fettreserven von 1.000 g überleben können, sofern die Äsung mindestens 4 kcal/g enthält und die Energie zu 60 % verdaut werden kann. Dies ist auch als Hinweis zu werten, dass Rehen mit einer alleinigen Notfütterung von Jänner bis März nicht viel geholfen werden kann, sondern dass eine allfällige „Hilfe" bereits im Herbst kommen müsste (Lebensraum, Fütterung, Jagddruck ...).

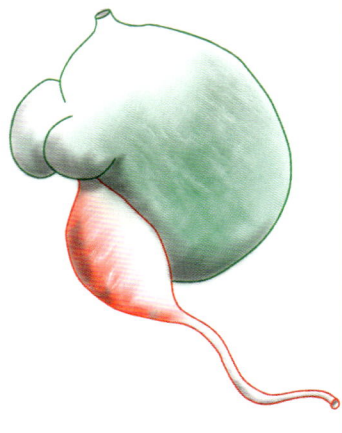

Grundzüge der Verdauung beim Wildwiederkäuer

- Definition „wiederkäuergerecht"
- Unterschiede Reh- und Rotwild
- Beispiel Flechten als Äsung
- Verdauungstrakt des Rot- und Rehwildes

Von vielen Autoren wird die Forderung nach einer wiederkäuergerechten Fütterung von Rot- und Rehwild gestellt, und dieser Forderung muss auch unbedingt Folge geleistet werden. Lediglich bei der genauen Beschreibung des Begriffes „wiederkäuergerecht" finden sich immer nur sehr allgemein gehaltene Empfehlungen, so dass an dieser Stelle eine konkrete Definition abgegeben werden soll.

Definition „wiederkäuergerecht"

Bei der genauen Definition des Begriffes „wiederkäuergerecht" gilt es zu bedenken, dass physiologische Unterschiede zwischen Rot- und Rehwild dazu führen, dass wiederkäuergerechte Bedingungen für Rehwild nicht unbedingt wiederkäuergerecht für Rotwild sein müssen und umgekehrt.

Der Begriff „wiederkäuergerecht" versteht sich als gesamtheitliche Forderung und kann sich deshalb nicht nur auf Mindestgehalte von Inhaltsstoffen der vorgelegten Futtermittel beschränken. Zwischen Rot- und Rehwild gibt es diesbezüglich erhebliche Unterschiede, auf die in den jeweiligen Kapiteln eingegangen wird.

Kriterien für die wiederkäuergerechte Fütterung von Rot- und Rehwild:

- Futtermittel
  - Hygienisch einwandfrei (Keimbelastung, Mykotoxine, Staub, Erde, Rohasche)
  - Mindestgehalt an strukturierter Rohfaser (Mindestfaserlänge 8–10 mm)
  - Eiweißgehalt maximal (Obergrenzen!)
- Fütterungsanlagen
- Futtervorlage
- Umweltbedingungen

Unterschiede Reh- und Rotwild

Wenn im vorliegenden Buch Reh- und Rotwild gemeinsam abgehandelt werden, so soll nicht der Eindruck erweckt werden, es gäbe zwischen diesen beiden Tierarten keine Unterschiede hinsichtlich ihrer Ernährung bzw. ihrer Fütterung. Gerade das Gegenteil ist der Fall.

Rotwild ist von seiner natürlichen Äsungsauswahl, immer auch in Abhängigkeit vom jeweiligen Äsungsangebot, ein so genannter Mischäsertyp (Intermediärtyp). Das heißt, dass neben Gräsern, Kräutern, Knospen und Weichhölzern auch Eicheln, Bucheckern, diverses Obst und Beeren aufgenommen werden. Der Gehalt an „strukturwirksamer Rohfaser" ist in der Äsung des Rotwildes insgesamt höher als beim Rehwild, was bei der Fütterung dieser Wildtierarten unbedingt zu berücksichtigen ist.

Rehwild ist ein so genannter Slektierer und nimmt im Sommer sehr leicht verdauliche und energiereiche Teile von Gräsern, Kräutern, Blüten, Samen sowie Triebe, Knospen und Blätter auf. Ab Herbst werden zunehmend auch Pilze, Beeren, Obst, evtl. auch Kastanien, Eicheln und Bucheckern, gerne aber auch Brombeer- und Himbeerblätter sowie Flechten aufgenommen.

Beispiel Flechten als Äsung

Flechten sind nicht nur Bioindikatoren hinsichtlich Luftverschmutzung und sauren Regens, sondern werden auch von vielen Wildarten gerne geäst. Flechten in ihren zahlreich vorkommenden und oft schwer unterscheidbaren Arten sind eine Symbiose zwischen Algen und Pilzen (Doppelorganismen). Beide Partner (meist ein Schlauchpilz mit Blau- oder Grünalgen) können zusammen Extremstandorte besiedeln, die für den einzelnen zu lebensfeindlich wären. Algen können mittels Chlorophyll Photosynthese betreiben und damit Kohlenhydrate (verschiedene Zucker) auch für den Pilz produzieren, und der Pilz schützt

Flechtenreichtum zeugt von hoher Luftgüte und bietet Äsung für Reh- und Rotwild

die von ihm umschlossenen Algen vor zu intensivem Licht, Trockenheit und Hitze. Sie wachsen in Gebieten mit geringer Umweltverschmutzung auf Bäumen, Felsen, Böden sowie altem Holz, ohne ihrem Wirt zu schaden. Bevorzugt werden niederschlagsreiche oder feuchte Orte und Waldränder besiedelt, manche Arten wachsen aber auch auf extrem kargen und trockenen Standorten. Feuchtigkeit und Nährstoffe werden überwiegend aus der Luft (einige Blaualgen binden auch Luftstickstoff) und den Niederschlägen aufgenommen, daraus erklärt sich auch ihre Abhängigkeit von intakten Umweltbedingungen.

Flechten werden von Wildtieren gerne geäst, besonders Stürme und frische Schlägerungen verschaffen reichen Zugang zu Flechten. Flechten werden aber auch von Bäumen und Ästen geäst. Eine Grobeinteilung umfasst Krusten-, Blatt-, Strauch-, Bart- und Nabelflechten. Untersucht wurden eine Bart- und eine Blattflechtenart, und die Ergebnisse wurden den Inhaltsstoffen von Wiesenheu vom 2. Aufwuchs gegenübergestellt (DEUTZ, 2006).

Vergleich Nährstoffgehalt Flechte/Wiesenheu

Nährstoffe (g/kg TM*)	Bartflechte	Blattflechte	Wiesenheu**
Rohprotein	93	83	130
Rohfett	20	50	26
Rohfaser	26	78	276
N-freie Extraktstoffe	840	766	472
Rohasche	2	23	97
Mengenelemente (g/kg)			
Calcium	3,5	3,4	8,2
Ca : P-Verhältnis	3,9 : 1	3,8 : 1	2,6 : 1
Phosphor	0,9	0,9	3,1
Magnesium	0,8	0,7	2,8
Kalium	3,3	3,3	25,3
K : Na-Verhältnis	15,7 : 1	17,4 : 1	70 : 1
Natrium	0,21	0,19	0,36
Spurenelemente (mg/kg)			
Eisen	332,6	406,4	664,0
Kupfer	16,4	7,8	7,3
Zink	67,6	42,1	37,0
Mangan	86,2	103,0	111,0

TM: Trockenmasse
** 2. Aufwuchs (Grummet), Beginn der Blüte (Quelle: ÖAG-Futterwerttabelle 2006)

Der Trockenmassegehalt betrug 92 % (Bartflechte) bzw. 90 % (Blattflechte), bei Wiesenheu liegt der TM-Gehalt bei 88 %. Flechten haben also einen sehr geringen Wassergehalt. Auffällig sind der sehr geringe Gehalt an Rohfaser (deshalb vermutlich auch von Rehen gerne angenommen) und der hohe Gehalt an N-(Stickstoff-)freien Extraktstoffen, bestehend vorwiegend aus Stärke und verschiedenen Zuckern. Im Gehalt an N-freien Extraktstoffen sind Flechten vergleichbar mit Gerste, geschälten Eicheln oder geschältem Buchweizen!

Interessant für die Wildtierernährung sind sicherlich auch die Spurenelementgehalte. Eisen ist ein unentbehrlicher Bestandteil des roten Blutfarbstoffes Hämoglobin. Kupfer ist am Einbau des Eisens in das Hämoglobin beteiligt, ist als ein wichtiger Aktivator vieler Enzyme im Stoffwechselgeschehen notwendig und steigert die Widerstandskraft gegen Parasiten. Zink ist ebenfalls ein lebensnotwendiges Spurenelement, das im Stoffwechsel an mehreren Enzymsystemen (z. B. Aktivierung der alkalischen Phosphatase, Beseitigung von CO_2 aus Geweben, Vitamin-A-Stoffwechsel) beteiligt sowie für die Gehirnentwicklung und das Wachstum von Föten essentiell ist. Mangan ist u. a. für den Knochenstoffwechsel bedeutend, ein Mangel verursacht Knochenweiche, schlechte Ovulationsraten und hohe Sterblichkeit bei Neugeborenen.

Diese Hinweise mögen etwas dazu beitragen, dass wir den oft unscheinbaren Flechten in ihren zahlreich vorkommenden Arten sowohl als Weiser für eine intakte Umwelt als auch als gehaltvolle Äsung mehr Beachtung schenken.

Gehaltswerte beliebter Verbissgehölze (Rinde)

	XP (g/kg T)	Ca (g/kg T)	P (g/kg T)	Mg (g/kg T)	Na (g/kg T)
Rotbuchenrinde	17	4,3	0,24	0,24	0,030
Fichtenrinde	11	3,8	0,27	0,43	0,030
Weidenrinde	-	6,4	0,28	0,36	0,010
Tannenrinde	11	3,2	0,20	0,12	0,004
Lärchenrinde	9	1,2	0,60	0,20	0,008
Eschenrinde	15	10,2	0,32	0,12	0,090
Kiefernrinde	13	1,9	0,28	0,16	0,008

XP: Nutzbares Protein

Verdauungstrakt des Rot- und Rehwildes

Das Rehwild und das Rotwild zählen wie Rinder, Schafe und Ziegen zu den Wiederkäuern. Im Gegensatz zu den Nicht-Wiederkäuern, die nur einen einhöhligen Magen besitzen, haben Wiederkäuer vier Magenabteilungen: Pansen (= Rumen), Netzmagen (= Haube oder auch Retikulum), Blättermagen (= Löser, Buchmagen oder auch Omasum) und Labmagen (= Drüsenmagen oder auch Abomasum). Der Pansen, der Netzmagen und der Blättermagen werden zum Vormagensystem zusammengefasst, und erst der Labmagen stellt den eigentlichen Verdauungsmagen dar, wie er auch dem Magen der Nicht-Wiederkäuer entspricht.

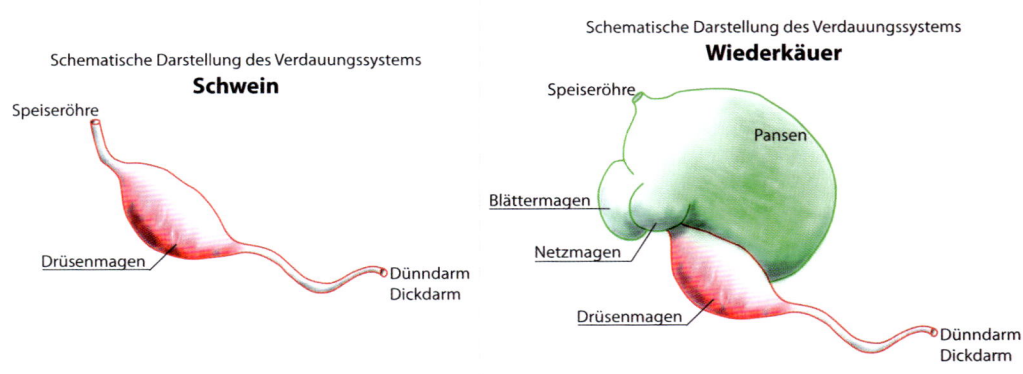

Schematische Darstellung des Verdauungstraktes von Schwein (links) und Wiederkäuer (rechts)

Die aufgenommene Äsung wird nach der Aufnahme grob zerkleinert und dann abgeschluckt. Der Vorgang des Äsens dauert bei Reh- und Rotwild unterschiedlich lange. Eine Äsungsperiode erstreckt sich beim Rotwild für gewöhnlich über etwa 1,5 (0,5–2,5) Stunden. Insgesamt nehmen die Tiere bis zu 10 Stunden pro Tag Nahrung zu sich. Hinzu kommen rund 5 bis 8 Stunden für das Wiederkäuen. Dazu zieht sich der Wildwiederkäuer an einen Ruheplatz zurück und beginnt mit dem Wiederkäuen („Eindrücken").

Wiederkäuen ist grundsätzlich ein für den Wiederkäuer absolut lebensnotwendiger Vorgang, der nur unter zwei Bedingungen ausgeführt wird: das Wildtier benötigt zum Eindrücken Ruhe und die zuvor aufgenommene Äsung muss einen Mindestgehalt an strukturwirksamer Rohfaser (14–16 % Rohfaser, mind. 8–10 mm Länge) enthalten, denn nur die entsprechend strukturierten Rohfaserpartikel der Äsung lösen in der Vormagenwand Reize an bestimmten Rezeptoren aus, wodurch das Wiederkäuen provoziert wird. Ein Großteil der Kraftfuttermittel ist ohne Zufütterung von Grundfutter und ohne natürliche Beiäsung nicht ausreichend wiederkaufähig.

Verdauungsvorgänge beim Wildwiederkäuer

Der Vorgang des Wiederkäuens wird ausgeführt, indem in der Speiseröhre unmittelbar nach dem Abschlucken eines Wiederkaubissens ein Unterdruck hergestellt wird, während sich der Haubenboden und der Schleudermagen (das ist eine Aussackung des Pansens) zugleich heben. So wird ein frischer Wiederkaubissen in die Speiseröhre „gesaugt" und dann aktiv in die Maulhöhle transportiert. Diesen Vorgang nennt man „Regurgitieren". Gleichzeitig mit dem Regurgitieren werden auch Gärgase (v. a. Methangas), die im Vormagensystem permanent entstehen, auf- und ausgestoßen (= Ruktus). So wird das Blähen des Pansens verhindert. Ein Wiederkauvorgang für einen Bissen dauert in der Regel 50 Sekunden. Dabei wird die Nahrung zerkleinert, also in die richtige Partikelgröße gebracht, gemischt und intensiv mit Speichel versetzt.

Dieser Vorgang des Einspeichelns ist von eminenter Bedeutung, denn der Speichel hält durch seine puffernde Wirkung den pH-Wert im Pansen stabil, verhindert also ein zu starkes Absinken des pH-Wertes und beugt somit bei Aufnahme von wiederkaugerechtem Futter einer Pansenübersäuerung vor. Rotwild produziert täglich zwischen 10 und 50 l Speichel, Rehwild bis zu 10 l (MISSBACH, 1993). Da Rehwild als Selektierer sehr energiereiche und rohfaserarme Äsung aufnimmt, produzieren die Speicheldrüsen des Rehwildes verhältnismäßig höhere Speichelmengen als jene der Raufutteräser.

Der Futterbrei ist im Vormagensystem noch vielen Umsetzungsvorgängen unterworfen, die durch die Pansenflora und Pansenfauna (Bakterien, Pilze und Ziliaten) durchgeführt werden. In diesen Umsetzungen werden die pflanzlichen Eiweiße in Mikrobeneiweiß umgewandelt und können somit im Darm des Wildes aufgenommen werden. Die schwer verdaulichen Bestandteile der Gerüstsubstanzen werden in die so genannten Gärsäuren (Essigsäure, Propionsäure und Buttersäure) abgebaut. Diese Gärsäuren sind die eigentlichen Energielieferanten für den Wiederkäuer. Das Wild ist mit Hilfe der Pansenbakterien auch in der Lage, Vitamine, z. B. Vitamine des B-Komplexes, zu synthetisieren. Durch dieses System hat sich das Wild auf die Aufnahme von Pflanzen- und Pflanzenbestandteile spezialisiert, die sonst kaum ein Tier verwerten könnte. Wenn der Nahrungsbrei durch Wiederkäuen entsprechend zerkleinert ist, spricht man von „psalterfähig" – es kann durch die Hauben-Pansenöffnung in den Psalter (Blättermagen) transportiert werden, wo dem Futterbrei Wasser entzogen wird. Im Labmagen wird der Futterbrei mit Magensäure angesäuert, mit Enzymen versetzt und so weiter aufgeschlossen. Im Darm werden die Nährstoffe über die Darmschleimhaut aufgenommen, und dem Brei wird weiter Wasser entzogen. Die Überreste werden in Form von Losung ausgeschieden.

Bedeutung der Pansenflora

Das Vormagensystem der einzelnen Arten von Wildwiederkäuern kann man sich wie eine ausgeklügelte Gärkammer vorstellen. Diese Gärkammer fasst beim Rotwild ca. 21–24 Liter (Rothirsch 100 kg) bzw. 16–17 l (Tier 70 kg) und beim Rehwild von 1,6–2,5 l (bei einer üblichen Füllung von 40–60 %). Der Panseninhalt ist tatsächlich ein lebendes Medium, in welchem eine Vielzahl von mikroskopisch kleinen Lebewesen ihren Dienst versehen. Die Aufgabe dieser Gärkammer besteht darin, Pflanzen oder Pflanzenteile, die für andere Tierarten nicht zugänglich oder nicht verdaulich sind, mit Hilfe der Mikroorganismen (Pansenflora) aufzuschließen und so verwertbar zu machen („Spezialisierung").

Die Pansenflora wird durch direkten Kontakt zwischen Muttertier und Nachkommen sowie auch von einem Tier zum anderen sowie mit dem Futter „übertragen". Die Pansenflora ist extrem artenreich, mannigfaltig und ändert sich in ihrer Zusammensetzung permanent in Abhängigkeit vom gerade vorhandenen Substrat, also der aufgenommenen Nahrung.

Bei ausgewogener, wiederkäuergerechter Nahrung stellt sich immer ein Gleichgewicht zwischen jenen Mikroorganismen ein, welche die gerade aufgenommenen Nahrungsbestandteile auch weiter verwerten können, andere werden verdrängt („kompetitive Homöostase = Wettbewerbsgleichgewicht").

Ändert sich die Nahrungszusammensetzung, so ändert sich auch die Pansenflora. Nur die wildwiederkäuergerechte Ernährung ist ein Garant für die Funktion der Vormägen und damit für die Gesundheit des Einzeltieres. Kippt das Milieu der Pansenflora, beispielsweise bei Pansenazidose (Pansenübersäuerung), so entsteht ein lebensbedrohlicher Zustand.

Die Pansenflora setzt sich aus Pansenbakterien, Hefen und Pansenziliaten zusammen.

Pansenbakterien

Es sind bislang mehr als 60 Bakterienarten bekannt, welche im Vormagensystem vorkommen, und je Milliliter (= 1 cm³) Panseninhalt finden sich bis zu 100 Milliarden Bakterien. So können sich im Vormagensystem eines Rothirsches schon einige Kilogramm an reiner Bakterienmasse tummeln. Die Bakterienarten haben unterschiedliche Fähigkeiten (Abbau von Zellulose, Stärke, Zucker, Eiweiß usw.), und ihre Stoffwechselprodukte stellen die Grundbausteine der Verdauung dar.

Hefen

Hefen, welche immer wieder mit der Nahrung aufgenommen werden, zehren den Sauerstoff im Vormagensystem und stellen somit ein ideales Mikroklima zur Vergärung der Nährstoffe her.

Pansenziliaten

Pansenziliaten (Protozoen, Einzeller), welche eigentlich der Pansenfauna zuzuordnen sind, leben milliardenfach im Vormagensystem. Die Protozoen bilden etwa die Hälfte der Biomasse der Pansenflora. Sie setzen sich vor allem aus Wimpertierchen und in geringerem Maße auch aus Geißeltierchen zusammen. Protozoen sind am Kohlenhydrat- und Eiweißabbau (ca. 10 %) beteiligt. Sie können leicht abbaubare Kohlenhydrate aufnehmen und verhindern so deren überstürzten Abbau und damit eine Pansenübersäuerung. Außerdem können die Protozoen schädliche Futterbestandteile (toxische Pflanzeninhaltsstoffe und Schwermetalle) abbauen oder binden. Darüber hinaus nehmen die Protozoen Bakterien auf und regulieren damit deren Population. Pansenprotozoen sind sehr pH-sensibel und damit abhängig von einem möglichst konstanten Pansenmilieu.

Zur Veranschaulichung finden Sie auf S. 144 QR-Codes für vier Kurzvideos zum Thema Pansenziliaten.

- Was ist wiederkäuen?
- Typen von Wiederkäuern
- Rotwild ist kein Nacht- und Dämmerungstier

Wiederkäuertypen – Entwicklung des Vormagensystems

Die Entwicklung des Menschen war weltweit stark beeinflusst von wiederkäuenden Haus- und Wildtieren. Die Fähigkeit, für andere Tiere schwer oder nicht verdauliche Pflanzenbestandteile zu verwerten und in wertvolle Produkte wie Milch, Fleisch, Wolle und Häute umzuwandeln, macht sie für uns unverzichtbar. In der Fütterung von Haus- und Wildwiederkäuern müssen wir uns immer wieder vor Augen führen, für welche Äsung/Futtermittel sich das Vormagensystem der Wiederkäuer in seiner Evolution entwickelt hat. Zum Wiederkäuen muss das Futter entsprechende Struktur aufweisen. In diesem Zusammenhang bemerkte HOFMANN (1989): *„Die in den wohlhabenden Ländern auf Getreide basierende Wiederkäuerfütterung erscheint unbiologisch, wenn nicht sogar unmoralisch."*

Was ist wiederkäuen?

Hausrinder sind für uns der Inbegriff der Wiederkäuer. Tatsächlich umfasst diese Unterordnung der Paarhufer jedoch 150 Arten und Unterarten. Vom in Afrika lebenden, etwas mehr als hasengroßen Ducker bis zu Elch, Bison oder Giraffe treffen wir auf verschiedene Bauarten von Vormagensystemen, die dem Wiederkäuen dienen (LAISTNER, 2003).

Wiederkäuer besitzen einen mehrhöhligen Magen. Dem eigentlichen Drüsenmagen (Labmagen) sind Vormägen (Netzmagen, Pansen, Blättermagen) vorgelagert, in denen durch Mikroorganismen (Pansenbakterien und Protozoen) vorwiegend Kohlenhydrate und Eiweiß abgebaut sowie Bakterieneiweiß und Vitamine aufgebaut werden. Wiederkäuer sind durch diese Symbiose mit Pansenmikroben in der Lage, auch schwer verdauliche Kohlenhydrate (z. B. Zellulose) aufzuschließen und zu verdauen.

Während der Äsungsperioden wird die nur grob gekaute, wenig zerkleinerte und eingespeichelte Nahrung im Pansen gespeichert. In den Ruheperioden wird die Nahrung durch einen Reflex hochgewürgt (Regurgitation) und wiedergekäut. Ausreichend zerkleinert, gelangt die Äsung in den Blättermagen, wo Wasser resorbiert wird. Schließlich gelangt sie in den eigentlichen Drüsenmagen, den Labmagen, wo der Nahrungsbrei angesäuert und weiter aufgeschlossen wird. Von dort gelangt der Nahrungsbrei in den Dünndarm und in den Dickdarm, wo die Nahrung völlig verdaut bzw. Nährstoffe und Wasser resorbiert werden.

Der Netzmagen ist bei Reh- und Rotwild im Verhältnis etwa gleich groß. Der Pansen ist beim Rotwild jedoch erheblich voluminöser. Er endet nicht in zwei, sondern in drei Blindsäcken, was auf stärkere Verzögerung der Magenpassage und damit bessere Zelluloseverdauung hinweist.

Der kleine, einfach gebaute Pansen der Rehe verzögert den Abfluss des Äsungs-Futterbreis längst nicht so stark; daher kann sich anders als bei Grasfressern, wie Schaf und Rind, im Rehpansen auch nur eine einzige besonders rasch reproduzierende Ziliatenart halten und vermehren (ein bewimperter einzelliger Mikroorganismus).

Der Blättermagen ist beim Rotwild größer und innen stärker differenziert (d. h. mehrblättriger) als der des Rehwilds. Beim kleinen Blättermagen des Rehs steht noch die Filterfunktion im Vordergrund (Verhinderung des Abfließens grober Äsungsteile, besonders ganzer Blätter). Beim Rotwild ist die Resorption von gelösten Mineralien und Nährstoffen über die vergrößerte Oberfläche (zahlreiche Blätter) beträchtlich. Der Labmagen ist von ähnlich relativer Größe bei beiden Arten (HOFMANN, 2008).

Der verhältnismäßig kleine Dickdarm dient vorwiegend der Eindickung, Formung und dem Absetzen des Darminhaltes. Einzelne Nahrungsspaltprodukte können bereits über die Pansenzotten aufgenommen und über den Blutweg dem Leberstoffwechsel zugeführt werden. Durch die Ausbildung von Pansenzotten ist die Resorptionsfläche der Pansenwand stark vergrößert. Pansenbakterien und Einzeller werden von den Tieren teilweise mitverdaut und liefern so hochwertiges Eiweiß.

Jungtiere können während des Säugens über Muskeln eine Schlundrinne ausbilden, wodurch die drei Vormägen übergangen werden und die Milch direkt von der Speiseröhre in den Labmagen gelangt. Die Umstellung von Milch- auf Pflanzennahrung beginnt in den ersten Wochen und ist mit etwa 6 Monaten abgeschlossen. Jegliche Störung des Pansenmilieus und der Anzahl der Pansenmikroben hat Verdauungsprobleme, Stoffwechselstörungen und sogar Verendensfälle zur Folge.

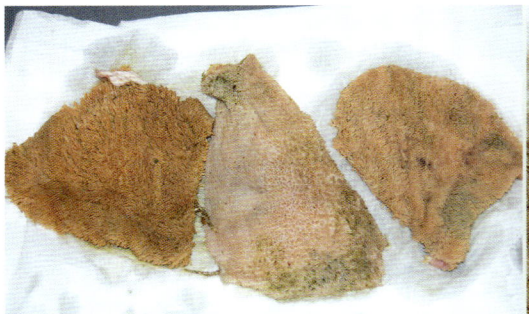

Struktur der Pansenschleimhaut mit Zotten bei unterschiedlicher Fütterung

Die Anzahl und Länge der Pansenzotten nimmt bei unseren Wildwiederkäuern im Winter stark ab, bei Ruhe und ausreichenden Fettreserven sind sie winters von Natur aus auf gehaltärmere Äsung eingestellt. Bei zu stärke- und eiweißreicher Fütterung täuschen wir den Wildwiederkäuern und ihren Verdauungssystemen im Winter einen falschen Sommer vor (ARNOLD, 2003).

Typen von Wiederkäuern

Die Unterordnung der Wiederkäuer umfasst insgesamt vier Familien: Hirschferkel, Hirsche, Giraffen und Hornträger. So uneinheitlich diese Aufzählung klingen mag, sie alle besitzen die Fähigkeit, für uns Menschen unverdaubares Pflanzenmaterial sowie chemisch gebundene oder geschützte Proteine in hochwertige Produkte umwandeln zu können.

Unter den Hirschartigen finden sich ernährungsphysiologische Anpassungen des Verdauungsapparates, die durch verschiedene Futterverfügbarkeiten in den unterschiedlichen Lebensräumen entstanden sind. Nach dem Bau der Pansenschleimhaut werden verschiedene Äsungstypen vom Selektierer (Reh) über Mischäser (Rot-, Damwild) bis zum Gras- und Raufutterfresser (Muffelwild) unterschieden (HOFMANN, 1978).

> Zur Veranschaulichung finden Sie auf S. 144 QR-Codes für drei Kurzvideos zum Thema Wiederkäuer.

Selektierer

Zu den Selektierern gehören mehr als 40 % der Wiederkäuerarten, von denen allerdings keine einzige domestiziert wurde. Ihre Haltung wäre allein schon wegen der aufwändigen Fütterung schwierig. Europäische Vertreter der Selektierer sind Reh und Elch, afrikanische Arten Ducker, Giraffen oder Gerenuk.

Im Vergleich zu den anderen beiden Ernährungstypen weist ihr Magentrakt ein geringeres Fassungsvermögen, weniger Unterteilungen und größere Öffnungen auf. Dies führt zu höheren Passageraten des Futterbreis, weshalb sie faserreiche Kost nur schlecht verwerten können. Das Reh ist durch den relativ kleinen Pansen auf nährstoffreichere, leicht verdauliche Äsung angewiesen, es ist daher im Gegensatz zum Rotwild wählerischer und sucht sich Knospen, Kräuter, Blüten, junge Blätter usw., die reich an gelösten Zellinhaltsstoffen sind. Die Äsungswahl basiert hauptsächlich auf geruchlichen Reizen. Im Tagesablauf gibt es zahlreiche Äsungsperioden, unterbrochen von vielen kurzen Wiederkauperioden.

Bei den Selektierern Reh und Elch (dem kleinsten und dem größten unserer europäischen Cerviden) kommt es nicht zu einer Schichtung des beim ersten Kauen rasch entsafteten Pflanzenmaterials. Dieses besteht vorwiegend aus Blättern, Kräutern, Früchten und kaum aus (frischem) Gras. Ihr visköser, stark eiweißhaltiger Speichel wirkt einer Schichtung auch nach den kurzen Wiederkauperioden entgegen. Er enthält aber auch Bindungseiweiße, die antinutritive pflanzliche Abwehrstoffe (z. B. Polyphenole) neutralisieren und damit unschädlich machen (HOFMANN, 2008).

Gras- und Raufutterfresser

Diese Wildwiederkäuer sind optimal an die Verdauung rohfaserreicher Futtermittel (reich an Pflanzenzellwandbestandteilen wie Zellulose, Hemizellulose, Pektin) angepasst. Sie verbringen ihren Tag mit langen Äsungs-/Fressperioden, in denen sie große Mengen an Grünfutter zu sich nehmen und die von wenigen, dafür aber ebenso ausgedehnten Ruhe- und Wiederkauperioden unterbrochen werden. Man könnte sie demnach als klassische Weidetiere bezeichnen.

Neben dem Mufflon, Hausrindern und -schafen gehören beispielsweise auch Wasserbüffel sowie Gnus zu den Grasfressern. Muffel sind also hinsichtlich der bevorzugten Äsungspflanzen relativ anspruchslos (z. B.

Drahtschmiele), daneben werden Kräuter, Zwergsträucher (Heide- und Heidelbeerkraut), weiters Nadeln, Blätter und Triebe aufgenommen.

Bei den Gras- und Raufutterfressern kommt es zu einer deutlichen Schichtung des Panseninhaltes. Die kräftigen Pansenbewegungen führen zur Lagerung der spezifisch leichteren, gröberen und faserhaltigen Pflanzenteile oben auf dem flüssigen „Brei" des Feingekauten. Weil in der obersten Schicht aus dem wiederzukauenden Material nur wenig Nährstoffaufnahme stattfindet, aber mechanischer Schutz notwendig ist, haben sich hier die Pansenzotten völlig zurückgebildet. Die Schleimhautoberfläche ist hier stärker verhornt, die Oberfläche nicht vergrößert (HOFMANN, 2008).

Mischäser, Intermediäre Fresstypen (Zwischentypen)

Das sind jene, zu denen rund 35 % aller Wiederkäuerarten zählen und eine Zwischenform zwischen Selektierern und Grasfressern darstellen. Sie haben die bemerkenswerte Fähigkeit, sich sowohl anatomisch wie auch physiologisch an sich ändernde Futterzusammensetzung und -qualität anpassen zu können. Bei geringem Nahrungsangebot ernähren sie sich von gemischter Äsung (sowohl Gras und Kräuter als auch Blätter und Triebe). Große Mengen an Rohfaser werden aber so lange wie möglich vermieden. Umgekehrt können sie, wie Selektierer, ihre Äsungsaufnahme auf das Zwei- bis Dreifache steigern, sobald ausreichend Äsung vorhanden ist. Sobald jedoch ihre Äsungsgrundlage wieder höhere Rohfasergehalte aufweist, „schalten" sie wieder auf wählerisch und reduzieren gleichzeitig auch ihren Stoffwechsel. Nur so können sie auch in Mangelzeiten ihren Nährstoffbedarf decken.

In der Verwertung faserreicher Futtermittel sind die Mischäser ebenso wie die Selektierer den Gras- und Raufutterfressern unterlegen. Zu den Zwischentypen gehören beispielsweise Rot-, Gams- und Steinwild, Hausziege, Bison sowie in Afrika Impala und Elenantilope.

Rotwild ist kein Nacht- und Dämmerungstier

Gegenüber dem ursprünglichen Steppentier Asiens wurde das Rotwild in Europa in Waldareale verdrängt. Physiologischerweise benötigt das Rotwild zur Sicherung einer ausreichenden Pansenfüllung täglich durchschnittlich 6–8 Aktivitätsschübe mit Äsungsaufnahme. In kleinräumigen, zersiedelten und beunruhigten Lebensräumen wurde dies immer unmöglicher; das Rotwild entwickelte sich zum Dämmerungs- und Nachttier. Unmöglich geworden sind auch weite Winterwanderungen in äsungsreiche Niederungs- und Auwälder, da die Landschaft zu zerschnitten ist. Es verbleibt daher in den Sommereinständen (in Berglagen) und leidet dort vielfach unter verarmten Lebensräumen (Monokulturen).

Wenn Rotwild Ruhe hat, ist es zu jeder Tageszeit auf Freiflächen anzutreffen

Damwild entwickelte sich zum „tagaktiven Superwiederkäuer", der längere Äsungspausen verträgt (BUBENIK, 1984). Es tendiert demnach stärker als das Rotwild zum Typus der Gras- oder Raufutterfresser.

- Das Wiederkäuergebiss
- Geruchssinn
- Geschmackssinn
- Gesichtssinn
- Tastsinn

Äsungs- und Futteraufnahme

Sowohl zur Nahrungsaufnahme und Grobzerkleinerung als auch zum Wiederkäuen sind Rot- und Rehwild von einem funktionsfähigen Gebiss anhängig. Die Äsungs- und Futteraufnahme wird von mehreren Sinnesorganen und von Traditionen mitbestimmt.

Das Wiederkäuergebiss

Dem Wiederkäuergebiss fehlen die drei Schneidezähne im Oberkiefer, anstelle dieser fungiert eine Kauplatte als Widerlager zu den Schneidezähnen des Unterkiefers. Der Zahnwechsel der Altwelt-Hirsche (wie Rot- und Damwild) endet erst

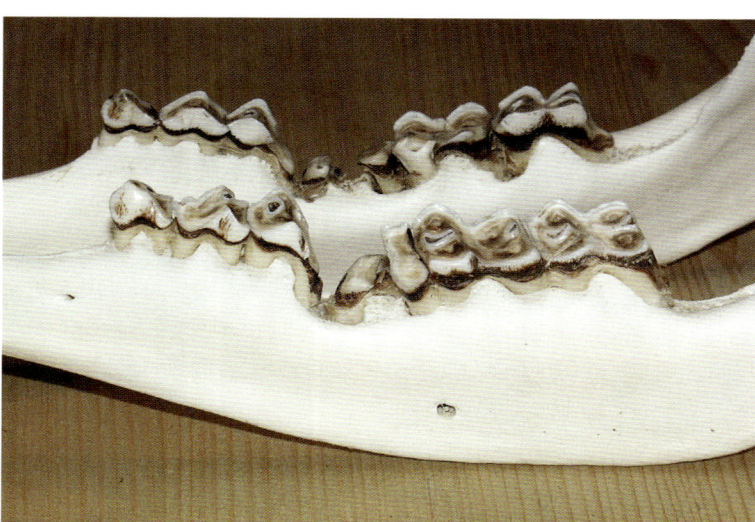

Unterkieferäste eines sehr alten Rottieres (mindestens 18 Jahre) mit stark abgeschliffenen Zähnen

Äsungs- und Futteraufnahme

mit etwa 27–32 Monaten, bei den Neuwelt-Hirschen (wie Reh) schon mit rund 15 Monaten, was nach BUBENIK (1984) mit der Frühreife der Neuwelthirsche zusammenhängen kann.

Der Zahnabrieb bzw. der Verlust von Zähnen dürfte einen starken Einfluss auf die Lebenserwartung der Hirschartigen ausüben. Die Lebenserwartung in freier Wildbahn liegt bis auf Ausnahmen beim Rehwild bei 7–9 Jahren und bei Rotwild bei 14–16 Jahren und ist damit generell bei Hirschartigen niedriger als bei einigen Hornträgern (Gams-, Steinwild), die deutlich härtere Zähne besitzen.

Bei der Äsungssuche und Futterwahl werden von Wildwiederkäuern der Geruchs-, Geschmacks-, Gesichts- und Tastsinn eingesetzt. Weiters spielt besonders beim Rehwild die Tradition, also gewisse vom Muttertier auf die Kitze oder Kälber weitergegebene Vorlieben für Äsungspflanzen oder Futtermittel, eine wichtige Rolle. Völlig revierfremde Futtermittel, wie Kastanien oder Apfeltrester in einem Revier, in dem weit und breit keine Kastanien- oder Apfelbäume vorkommen, werden anfangs oft nur zögerlich angenommen.

Geruchssinn

Grundsätzlich entspricht die Riechschleimhaut der Wildwiederkäuer jener von anderen Tierarten, insbesondere von Fleischfressern. Darüber hinaus treten tierartliche Unterschiede auf. Die dichte Anordnung der olfaktorischen Rezeptorzellen in Kombination mit ihrem Feinbau ist Grund für die hervorragende Geruchsleistung der Wildwiederkäuer. Das Riechepithel junger Tiere ist niedriger als bei erwachsenen. Die Fläche der Riechschleimhaut ist durch die Ausbildung der Nasenmuscheln (Chonchae) bei guten Riechern (Makrosmaten) stark vergrößert.

Das Reh besitzt eine Gesamtriechfläche von 90 cm² (Mensch nur 2,5 cm²) und eine Gesamtzahl an Riechzellen von ca. 300 Millionen. Das Reh gehört nach KOLB (1974) mit durchschnittlich 33.000 Riechzellen/mm² (Maximum 62.000 Riechzellen/mm²) zu den Tieren mit der höchsten Riechzellenanzahl. Rehe dürften z. B. menschliche Witterung auf Entfernungen bis zu 300 und 400 m wahrnehmen (STUBBE, 1997).

Rottier, das soeben menschliche Witterung aufgenommen hat

Für das Rehwild ist der Geruchssinn der wichtigste und am besten entwickelte Sinn. So unterschied KURT (1965) 42 soziale Verhaltenselemente bei Rehwild, von denen 26 olfaktorisch (geruchlich), 13 akustisch und nur 3 optisch wirken, wobei besonders den Düften der Zwischenklauendrüse eine große Bedeutung im Sozialkontakt zukommt.

Geschmackssinn

Geschmacksempfindungen werden über die auf der Zunge sitzenden Geschmackspapillen empfangen, von denen beim Reh bis zu 26 Paare ausgebildet sind. Viele Äsungspflanzen dürften nach dem Geschmack ausgewählt werden. Rehwild hat u. a. eine Vorliebe für Bitterstoffe, weshalb auch – so vorhanden – gerne an Tabakpflanzen geäst wird (STUBBE, 1997).

Bei dem hervorragend ausgebildeten Geruchssinn der Wildwiederkäuer ist aber davon auszugehen, dass die Nahrungswahl hauptsächlich olfaktorisch und teilweise über optische Signale (z. B. Blüten, Knospen) geleitet wird. Weiters dienen vermutlich Geruchs- und Geschmackssinn auch zur Erkennung giftiger Futterpflanzen.

Gesichtssinn

Bei den optischen Signalen kommt Bewegungssignalen eine höhere Bedeutung zu als Farbsignalen. Das plastische Sehvermögen des Rotwildes dürfte jenem des Rehes ähneln. Durch eine Steigerung der Lichtempfindlichkeit kann bei schwachem Licht (Dunkelheit) das Sehvermögen erhöht werden.

Der Sehwinkel beträgt beim Rehwild 54°, was ein weites Gesichtsfeld und eine gute Nahorientierung gewährleistet, welche für das Rehwild von großer Bedeutung ist. Die ovale Pupille begünstigt ein großes Gesichtsfeld.

Der beim Rehwild insgesamt nur mäßig ausgebildete Gesichtssinn ist für die Äsungs-/Futterwahl von geringer Bedeutung. Durch den Astigmatismus entstehen an der Netzhaut des Rehs unscharfe, verzerrte Bilder, wobei wenn sie unbewegt sind, nur große Gegenstände erkannt, aber bereits kleinste Bewegungen ausgezeichnet wahrgenommen werden können.

Der Geruchssinn hat bei der Äsungswahl die größte Bedeutung – das ist auch bei der Fütterung zu berücksichtigen, da muffiges Futter oder Futter mit Mauskot und -urin nicht angenommen wird

Tastsinn

Über die Bedeutung des Tastsinns bei Rot-, Reh- und Damwild ist bisher wenig bekannt. Den langen Tasthaaren um die Nase (Windfang) sowie an Ober- und Unterlippe dürfte bei der Nahrungsaufnahme eine Tastfunktion zukommen.

Zur Veranschaulichung finden Sie auf S. 144 QR-Codes für drei Kurzvideos zum Thema Äsungswahl.

Pflanzen und ihre Inhaltsstoffe

Alle Wiederkäuer, so auch unser Reh- und Rotwild, sind in ihrer Ernährung zur Gänze auf die Aufnahme von Pflanzen bzw. Pflanzenteilen angewiesen. Pflanzen bestehen aus Zellwandbestandteilen und Zellinhaltsstoffen. Zu den Zellinhaltsstoffen gehören hauptsächlich leicht verdauliche Kohlenhydrate (z. B. Monosaccharide, Disaccharide, also Zucker und Stärke), lösliche Proteine und Fette. Zellwandbestandteile sind vorwiegend Gerüstsubstanzen (Hemizellulosen, Zellulose und Lignin).

Der Hauptanteil der in Pflanzen enthaltenen Nährstoffe wird bereits in den Vormagenabteilungen Pansen (Rumen), Haube (Reticulum) und Blättermagen (Omasum) verdaut. Die am Abbau der Nährstoffe beteiligten Fermente sind beim Wiederkäuer mikrobiellen Ursprungs (Pansenflora). Die in den Pflanzen enthaltenen Nährstoffe (bislang sind mehr als 50 Nährstoffe bekannt) ermöglichen die Lebensfunktionen, den Aufbau und das Wachstum von Körpergewebe und das Erbringen von „Leistungen" (Körperwärme, Bewegung, Fruchtbarkeit, ...). Die Nährstoffe sind in den Pflanzen und auch in den Futtermitteln unterschiedlich stark konzentriert (verschiedene Gehaltswerte) und unterschiedlich gut bzw. schlecht verdaulich.

Anhand der chemischen Analyse (WEENDER Analyse, Van SOEST) von Pflanzen bzw. von Futtermitteln werden die Nährstoffe zu Stoffgruppen zusammengefasst.

Bei der Untersuchung bzw. anschließenden Beurteilung der Pflanzeninhaltsstoffe müssen zuerst **Wasser** und **Trockenmasse** (T) voneinander unterschieden werden. Die Bestimmung der Trockenmasse erfolgt durch eine 4-stündige Trocknung einer definierten (gewogenen) Menge des Ausgangsmaterials bei

103 °C in einem Trockenschrank (auch Backofen wäre möglich). Durch neuerliche Wiegung des verbliebenen Rests lässt sich die Trockenmasse ermitteln. Erst jetzt, durch die Angabe „Gehalt je kg T" lassen sich die Gehalte an Nährstoffen unterschiedlicher Futtermittel miteinander vergleichen.

Die **Trockenmasse** umfasst nun alle organischen und anorganischen Stoffe. Die organischen Stoffe können in einem Ofen (550 °C) gänzlich verascht werden, übrig bleibt die anorganische Masse (**Rohasche** = alle Mineralstoffe, Spurenelemente, Metalle usw.). Der Anteil der **organischen Masse** (besteht v. a. aus Kohlenhydraten, Rohprotein) an der Trockenmasse lässt sich nun errechnen (organische Masse = Trockenmasse – Rohasche).

Rohprotein

Rohprotein ist grundsätzlich die Summe aller Verbindungen, die Stickstoff (N) enthalten, und besteht aus Eiweiß und anderen stickstoffhaltigen Verbindungen. Die Zufuhr von Eiweiß ist für den Organismus lebensnotwendig (z. B. Muskelaufbau), eine Überversorgung mit Eiweiß und damit mit N führt aber sehr rasch zu tiergesundheitlichen Problemen.

Eiweiß selbst besteht aus Aminosäuren. Diese Aminosäuren können im Pansen der Wiederkäuer von den dort lebenden Mikroorganismen aus dem aufgenommenen Pflanzeneiweiß „umgebaut" werden und stehen so dem Tier als Bakterieneiweiß zur Verfügung. Da nur ein Teil des aufgenommenen Rohproteins für den Wiederkäuer verdaulich ist, können Gehaltsangaben neben Gramm Rohprotein (g Rp) auch in Gramm verdaulichem Rohprotein/kg T (g v Rp) bzw. Menge des am Dünndarm anflutenden nutzbaren Proteins (nXP) erfolgen.

Wiederkäuer haben zusätzlich einen „Eiweiß-Sparmechanismus", indem sie Harnstoff über Leber und Speichel wieder dem Pansen zuführen, in dem Bakterieneiweiß daraus aufgebaut werden kann. Bei einer Eiweiß-Überversorgung wird der Organismus durch zu hohe Ammoniak- und Harnstoff-Gehalte belastet, was u. a. zu Nierenschäden führen kann.

Die Ruminale Stickstoffbilanz (RNB; von *Rumen*, der anatomischen Bezeichnung für den Pansen) ist ein Maßstab für eine ausreichende Stickstoff-Versorgung der Pansenmikroorganismen, die für die (mikrobielle) Proteinsynthese verantwortlich sind. Die RNB ist eine rechnerische Größe für ein Futtermittel bzw. für eine Ration. Eine positive RNB kennzeichnet einen N-Überschuss im Pansen, der auch zu einer Belastung des Tieres führt (Überversorgung mit N). Eine negative RNB kann auf Dauer gesehen zwar zur Unterernährung führen, ist aber aus tiergesundheitlicher Sicht nicht so gefährlich zu bewerten wie eine auf Dauer positive RNB.

Kohlenhydrate

Kohlenhydrate sind unterschiedlich gut verdaulich (von sehr gut verdaulich wie z. B. Zucker bis unverdaulich wie etwa Lignin; lat. *Lignum* = Holz). Kohlenhydrate sind die bedeutendsten Energie- und Strukturlieferanten für den Wiederkäuer. Die tägliche Aufnahme eines Mindestanteiles an strukturwirksamer Rohfaser, die ein wesentlicher Bestandteil der Kohlenhydrate ist, ist für jeden Wiederkäuer absolut lebensnotwendig. Bei Unterschreiten von tierartspezifischen Grenzen, welche für Reh- und Rotwild an anderer Stelle noch näher definiert werden, warten nur Stress, Krankheiten und Tod („mastähnliche Fütterungsbedingungen von Wildwiederkäuern").

Da der Begriff Rohfaser zur Bewertung von Futtermitteln und Rationen zu ungenau ist, wurde der Begriff „Gerüstsubstanzen" eingeführt. Dies ist eine chemische Bewertung, und zu den Gerüstsubstanzen zählen vor allem die Strukturkohlenhydrate und stickstofffreie Extraktstoffe:

- NDF (Neutral Detergent Fibre): Summe der Gerüstsubstanzen
- ADF (Acid Detergent Fibre): ist NDF ohne Hemizellulosen
- ADL (Acid Detergent Lignin): ist ADF ohne Zellulose, Lignin

Gehaltsangaben für Kohlenhydrate bzw. für Strukturkohlenhydrate erfolgen in g/kg T. Gehaltsangaben für den Energiegehalt erfolgen in Megajoule umsetzbarer Energie (MJ ME), evtl. auch noch in Stärkeeinheiten (StE). Kohlenhydrate sind auch bei der Fettbildung und der Ergänzung der Vorratsstoffe ein wichtiger Bestandteil. Um Bakterieneiweiß im Pansen aufzubauen ist eine ausreichende Versorgung mit Energie notwendig.

Fette und Lipoide

Fette und Lipoide (mit Fetten verwandte Stoffe) dienen den Tieren hauptsächlich als Energiespeicher. Angelagert wird Fett unter der Haut oder in der Bauchhöhle (Gekröse- und Nierenfett). Fette stehen dem Körper je nach Bedarf als Energiereserven zur Verfügung. Dies ist insbesondere in Mangelzeiten lebenswichtig. Im Sommer und Herbst legen sich das Rot- und das Rehwild einen Vorrat an Fetten zu, von denen sie in Mangelzeiten zehren. Auf den Fettvorrat greifen Hirsche auch während der Brunft zurück, da sie während der Brunft kaum Nahrung zu sich nehmen. Die Fettleber beim Brunfthirsch resultiert aus dem massiven Abbau von Körperfett.

Lipoide sind für den Körper außerordentlich wichtig. Sie spielen beim Aufbau und bei der Funktion der Zellen eine entscheidende Rolle. Zudem dienen sie als Grundstoff für D-Vitamine und für die Hormone, welche den Geschlechtszyklus steuern. Der Anteil an ungesättigten Fettsäuren, ausgehend von den Blattanteilen der Pflanzen, zeichnet das Wildbret als besonders wertvolles Fleisch aus.

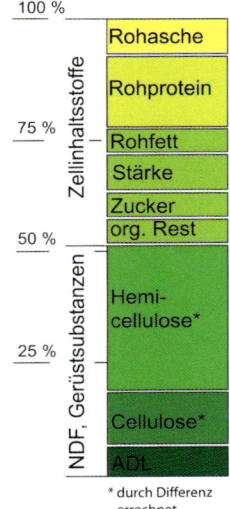

Anhand der chemischen Futtermittelanalyse (KIRCHGESSNER, 2004) werden die Nährstoffe zu Stoffgruppen zusammengefasst (NDF: Neutral Detergent Fibre; ADF: Acid Detergent Fibre)

Mineralstoffe, Spurenelemente und Vitamine

Nur die ausreichende Versorgung mit Mineralstoffen und Spurenelementen, die dann auch verwertet werden können, ermöglicht die vielfältigen Stoffwechselfunktionen des Körpers, insbesondere das Wachstum, die Stoffwechsel- und Fruchtbarkeitsleistungen. Der Bedarf des Einzeltieres ergibt sich hauptsächlich aus dessen Alter (wachsend oder ausgewachsen) und dessen „Leistung" (Erhaltung, Milchproduktion für Kitze bzw. Kälber, Körperansatz, aber auch Umsatz, Bedarf für Frucht usw.).

Da die Zufuhr von Nährstoffen, so auch von Mineralstoffen, Spurenelementen und Vitaminen, über die natürliche Äsung, aber auch im angebotenen Wildtierfutter immer schwankend und bisweilen auch nicht ausreichend ist, ergibt sich die Möglichkeit, bisweilen auch die Notwendigkeit der Ergänzung durch eine vitaminisierte Mineralstoff- und Spurenelementmischung. Da die Versorgung des Einzeltieres einerseits immer schwankend sein wird und andererseits aber auch nicht bekannt ist, wird in der Praxis allgemein zu einer „großzügigeren" Lösung gegriffen.

Die von der Futtermittelindustrie angebotenen Futtermittel für Wildtiere sind zumeist auch mit Mineralstoffen, Spurenelementen und Vitaminen angereichert. Ob das Wildtier, wenn es das angebotene, „aufgewertete" Futter aufnimmt, nun gerade einen Bedarf an einem der in Summe zugesetzten Mineralstoffe, Spurenelemente und Vitamine hat oder nicht, ist zumeist nicht bekannt – es wird damit versorgt, bisweilen eben auch übersorgt. Mengen- und Spurenelemente beeinflussen sich im Organismus gegenseitig, sie können sich in ihrer Wirkung verstärken (Synergie), oder sie können sich gegenseitig hemmen (Antagonismus; siehe auch nachfolgende Abbildung: Pfeil in eine Richtung = Synergie; gegenläufige Pfeile = Antagonismus). Aus diesem Grund können gerade auch Überversorgungen von Mengen- oder Spurenelementen zu einseitigen Mängeln anderer führen.

Mängel an Mineralstoffen und Vitaminen, aber natürlich auch Überschüsse können verschiedenste tiergesundheitliche Probleme zur Folge haben, welche jedoch in der Praxis bei Wildtieren nicht immer registriert werden (können). Die Gehalte der Mengen- und Spurenelemente können in den ÖAG-Futterwerttabellen (RESCH et al., 2006) für Heu und Silagen aus allen Nutzungsformen abgelesen werden.

Mengenelemente

Der Bedarf der Wildtiere an Mineralstoffen wird entscheidend vom Körpergewicht, vom Trächtigkeits- bzw. Säugestadium und der Leistung (Zuwachs etc.) beeinflusst. Kalzium (Ca), Phosphor (P), Magnesium (Mg) und Natrium (Na) sind hier sicherlich von größter Bedeutung. Nach BOGNER (1999) ist bei freier Äsungswahl, aber auch bei vielseitiger Rationsgestaltung im Rahmen der Wildtierfütterung eine Versorgung mit den Mengenelementen, insbesondere von Kalium (K), Schwefel (S), Chlor (Cl) und auch Magnesium (Mg), im Allgemeinen gedeckt. Demnach brauchen diese Mengenelemente nicht über Mineralstoffmischungen zusätzlich verabreicht werden. Gehaltsangaben erfolgen in g/kg Trockenmasse.

Die Aufgaben von **Kalzium** und **Phosphor** liegen vor allem in der Knochen- und Geweihbildung. Kalzium hat auch zentrale Aufgaben bei der Sicherung der Nervenfunktion, der Muskelkontraktion sowie in der Enzymaktivierung. Neben Hirschen während der Geweihentwicklung haben auch wachsende Stücke sowie beschlagene und führende Alttiere einen erhöhten Bedarf an Kalzium und an Phosphor. Mit einem Liter Milch nimmt das Kalb beispielsweise 2 g Kalzium und 2,5 g Phosphor auf, eine Menge, welche durch das Muttertier regelmäßig bereitgestellt werden muss.

Ein 5 kg schweres Geweih enthält 900 g Kalzium und 450 g Phosphor. Dieser Bedarf könnte über die natürliche Äsung nicht zur Gänze zur Verfügung gestellt werden, und das beispielhaft angeführte Geweihgewicht wird selbst von Hirschen in Hochgebirgslagen oftmals und weit überschritten. Über die Fütterung kann deshalb ein entsprechender Ausgleich hergestellt werden, Überdosierungen sind aber zu vermeiden.

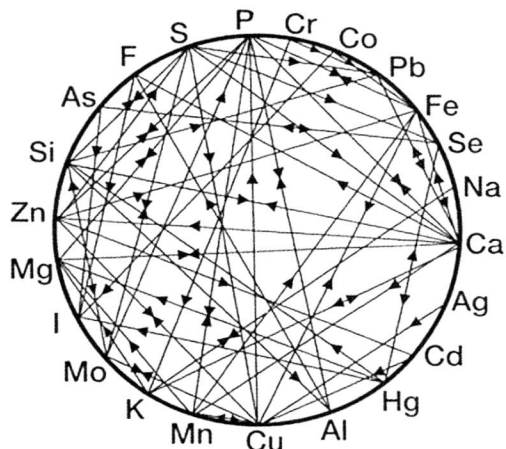

Interaktionen zwischen Mengen- und Spurenelementen gilt es insbesondere bei Überversorgungen mit Wirkstoffmischungen zu beachten
(P: Phosphor; Cr: Chrom; Co: Kobalt; Pb: Blei; Fe: Eisen; Se: Selen; Na: Natrium; Ca: Kalzium; Ag: Silber; Cd: Cadmium; Hg: Quecksilber; Al: Aluminium; Cu: Kupfer; Mn: Mangan; K: Kalium; Mo: Molybdän; I: Jod; Mg: Magnesium; Zn: Zink; Si: Silizium; As: Arsen; F: Fluor; S: Schwefel)

Natrium ist ein wichtiger Bestandteil von Körperflüssigkeiten und daher für die Nährstoffaufnahme und -ausscheidung bedeutend, ist aber in Pflanzen nur in geringen Mengen enthalten. Natrium hat wie Magnesium und Kalium einen entscheidenden Einfluss auf die Nervenfunktionen und die Muskelkontraktion. Natrium wird über die Salzlecken zur Verfügung gestellt.

Spurenelemente und Vitamine

Bei den Spurenelementen sind Kupfer, Zink, Mangan, Jod und Selen von besonderer Bedeutung. Vor allem als Bestandteile von Enzymen bzw. als Hilfsstoffe (Aktivatoren) erfüllen Spurenelemente und Vitamine vielfältige

Aufgaben im tierischen Organismus. Ob bei diesen Elementen ein Ergänzungsbedarf in der Wildtierfütterung besteht, kann nicht generell gesagt werden. Tatsache ist, dass sowohl bei Reh- als auch bei Rotwild bei freier Äsungswahl kaum mit Mängeln an Spurenelementen und Vitaminen zu rechnen ist. So wird Vitamin C über die Nahrung aufgenommen, während die Vitamine der B-Gruppe von Wiederkäuern im Vormagensystem unter wiederkäuergerechten Bedingungen in ausreichendem Maße von den dort lebenden Mikroorganismen hergestellt werden.

Eine Überversorgung mit Biotin (evtl. im Zusammenhang mit der Verfütterung von vitaminisierten Mineralstoffmischungen für Pferde) wurde von uns in Revieren vermutet, in denen massives Schalenwachstum bei einigen Rehen aufgetreten ist.

Zum Geweihaufbau benötigen sowohl Hirsche als auch Rehböcke eine ausgewogene Mineralstoffversorgung – eine Überversorgung verursacht tiergesundheitliche Probleme

In bekannten Mangelgebieten (Kupfer, Mangan, Jod) wird jedoch der Einsatz von speziellen Mineralstoffmischungen empfohlen. Da die Fütterung von Rotwild in Wintergattern eine Einschränkung hinsichtlich der freien Äsungswahl darstellt, können auch hier spezielle Wirkstoffmischungen zum Einsatz kommen. Gehaltsangaben erfolgen in mg/kg Trockenmasse bzw. in Internationalen Einheiten (I. E.).

Da die natürlichen Resorptionsverhältnisse der Nährstoffe, Mineralstoffe, Spurenelemente und Vitamine unter pansensauren Bedingungen nicht mehr gegeben sind, sondern es zu einer minderen Aufnahme kommt, wird in diesem Zusammenhang besonders auf die Bedeutung einer wiederkäuergerechten Ration hingewiesen. Bei fütterungsbedingten chronischen Pansenübersäuerungen kommt es auch zu massiven Störungen des Mineralstoffwechsels!

Wasser

Wasser ist lebensnotwendig und mit ca. 65 % Hauptbestandteil des Körpers. Die vielfältigen Aufgaben von Wasser im Organismus können wie folgt zusammengefasst werden:

- **Wasser als Lösungsmittel:** Wasser ist als universelles Lösungsmittel Bestandteil aller Körperflüssigkeiten, zum Beispiel von Blut, Lymphe und Harn. Darin sind sowohl Nährstoffe als auch Stoffwechselabbauprodukte gelöst.
- **Wasser als Transportmittel:** Im Verdauungstrakt und im Blut sorgt das Wasser für den Stofftransport von einem Ort im Körper zu einem anderen (und letztlich auch aus dem Körper hinaus).
- **Wasser als Kühlmittel:** Bei großer Hitze und Muskelarbeit verhindert vermehrtes Schwitzen ein zu starkes Ansteigen der Körpertemperatur. Wenn Schweiß verdunstet, wird Wärme verbraucht und die Haut kühlt ab.
- **Wasser als Baustoff:** Wasser gehört zu den wichtigsten Bauelementen im Körper. Es ist Bestandteil aller Zellen, Gewebe und Körperflüssigkeiten.
- **Wasser als Reaktionspartner:** Ständig laufen in jeder Körperzelle, aber auch im Verdauungstrakt Reaktionen ab, an denen Wasser beteiligt ist bzw. die Wasser erst möglich macht.

Hier hat ein Hirsch bei reiner Heufütterung innerhalb einer Stunde viel Schnee vom Fütterungsdach zur Deckung seines Wasserbedarfes aufgenommen

Der Wasserbedarf wird zu einem gewissen Teil direkt über die Nahrungsaufnahme gedeckt, da ja die Pflanzen einen mehr oder weniger großen Wassergehalt haben. Je höher der Wassergehalt der aufgenommenen Pflanzen bzw. der eingesetzten Futtermittel ist, umso weniger Wasser müssen Wildtiere direkt in Form von Wasserschöpfen aufnehmen. So haben etwa Rüben einen Wassergehalt von etwa 88 %, Anwelksilagen einen Wassergehalt von 65–70 % und Heu weniger als 14 %.

Zum Wasserbedarf von Reh- und Rotwild gibt es daher auch viele unterschiedliche Angaben. So gibt BUBENIK (1959) den täglichen Wasserbedarf des Rehwildes unter natürlichen Äsungsbedingungen mit 1,35 l/10 kg Körpergewicht an. Dieser Bedarf steigt bei Fütterung mit sehr trockenen Futtermitteln auf mehr als 4 l/10 kg Körpergewicht und sinkt bei Saftfuttergaben unter 0,5 l/10 kg Körpergewicht. Gerade auch aus diesem Grund wird der Einsatz von Saftfuttermitteln (von entsprechender hygienischer Qualität) auch in der Wildtierfütterung empfohlen. Wie auch immer, Fütterungen sollten immer in der Nähe von Trinkwasservorkommen angelegt werden. Dies muss besonders bei der Einrichtung von Rotwild-Wintergattern beachtet werden.

Wassermangel kann insbesondere bei sehr tiefen Minus-Temperaturen im Winter oder langen Trockenperioden im Sommer auftreten. Bei akutem Wassermangel wird das Wiederkäuen („Eindrücken") eingestellt, das Milieu für die Panseslebewesen kippt, und es entwickelt sich trotz mit Äsung gefülltem Pansen sehr rasch ein lebensbedrohlicher Zustand.

Einteilung von Futtermitteln und ihre Gewinnung

Grundfuttermittel

Ergänzungsfuttermittel und Konzentrate („Kraftfuttermittel")

Fertig- oder „Alleinfuttermittel"

Mineralstoff- und Wirkstoffmischungen

Wir können zwischen betriebseigenen Futtermitteln und Zukauf-Futtermitteln unterscheiden. Diese Einteilung sagt zwar nichts über das Futtermittel selbst aus, aber sie ist gerade im Hinblick auf den Einsatz zur Verfütterung bei Rot- und Rehwild von Interesse. Während der Anwender betriebseigener Futtermittel von der Gewinnung bis zur Lagerung des Futtermittels selbst zuständig und damit auch hauptverantwortlich ist und letztlich wesentlichen Einfluss auf die Futtermittelzusammensetzung und -qualität hat, sieht das bei den Zukauf-Futtermitteln schon ganz anders aus.

Der Käufer von Futtermitteln, der zwangsläufig nicht immer auch ein Spezialist für Futtermittelkunde sein kann, hat jedoch Möglichkeiten, die Qualität und Zusammensetzung von Futtermitteln zu überprüfen, und sollte diese auch nützen! Er ist aber hauptsächlich auf die Verlässlichkeit und auf die Angaben des Verkäufers angewiesen.

Insbesondere bei Grundfuttermitteln, welche oft in großen Mengen zugekauft werden (Heu, Gras- und Maissilagen, Futterrüben usw.), können doch beträchtliche Schwankungen hinsichtlich der die Qualität bestimmenden Bestandteile oder auch hygienischer Natur auftreten. Stichprobenartige Futtermittelproben und Versenden an ein Futtermittel-Labor, aktives „Überwachen" beim Entladen von Zukauf-Futtermitteln, Beiziehen von Fachleuten sowie eine enge und gute „Käufer-Verkäufer-Bindung" können hier helfen, im Winter vor bösen Überraschungen gefeit zu sein.

Grundfuttermittel von Wiesen und Weiden:

- Äsung von Äsungsflächen während der Vegetationsperiode
- Raufutter, getrocknet
  - Heu: 1. Aufwuchs: etwas gröber in der Struktur
  - Grummet: 2. oder 3. Aufwuchs: etwas blattreicher und weichere Struktur
  - Stroh: nicht üblich in der Wildtierfütterung
- Gärheu: halb Heu, halb Silage, der Anwelkgrad liegt über 50 % Trockenmasse
- Grassilage mit Anwelkgrad 30–50 % Trockenmasse

Grundfuttermittel aus Ackerkulturen und Verarbeitungsprodukte:

- Saftfuttermittel
  - Maissilage
  - Treber, Schlempen und andere industrielle Nebenprodukte
  - Hackfrüchte wie Rüben, Kartoffeln, Topinambur
  - Obst, Obsttrester und andere Trester
- Obsttrester oder Treber, getrocknet, Rübenschnitte

Ergänzungsfuttermittel und Konzentrate („Kraftfuttermittel", energie- oder eiweißbetont)

Fertigfuttermittel oder „Alleinfuttermittel"

Mineralstoff- und Wirkstoffmischungen

Wasser

Grundfuttermittel

Aufgrund seiner Entwicklungsgeschichte und der damit einhergehenden Spezialisierung des Verdauungstraktes sind die Wiederkäuer allgemein auf den Verzehr von Pflanzen und Pflanzenteilen ausgerichtet, wobei sich innerhalb der einzelnen Wildtierspezies weitere Spezialisierungen gebildet haben. Während Wildtiere unter natürlichen Äsungsbedingungen immer die Möglichkeit der Selektion aus der gerade vorherrschenden Vegetation haben, bieten Futtermittel, welche im Rahmen der Wildtierfütterung eingesetzt werden nur eine eingeschränkte Palette an. Die Möglichkeit zur Selektion von Futter wird durch die zumeist hohe Schmackhaftigkeit der Futtermittel unterbunden, und das mechanische Sättigungsgefühl wird aufgrund hoher Nährstoffgehalte später erreicht, als es vom Bedarf her eigentlich nötig wäre. Dieser Umstand führt sehr leicht zu einer latenten Überversorgung, welche grundsätzlich nicht gewünscht ist.

Grundfuttermittel haben einen geringeren, bisweilen ausgewogeneren Energie- und Eiweißgehalt und weisen üblicherweise einen erhöhten Gehalt an strukturwirksamer Rohfaser auf. Die klassischen Grundfuttermittel sind Heu bzw. Grummet und die verschiedenen Silagen. Der Nutzungszeitpunkt (Schnittzeitpunkt in Abhängigkeit vom Vegetationsstadium) bestimmt bei diesen Grundfuttermitteln ganz wesentlich den Gehalt an Wert bestimmenden Bestandteilen.

Das Vegetationsstadium der Futterpflanzen wird in die Stadien Schossen, Beginn und volles Ähren- bzw. Rispen-Schieben, Beginn und volle Blüte sowie abgeblüht bzw. überständig unterteilt (siehe Abbildung Vegetationsstadien). Je früher der Erntezeitpunkt, desto höher ist im Allgemeinen der Gehalt an Energie und Rohprotein und umso geringer ist der Gehalt an strukturwirksamer Rohfaser. Mit zunehmendem Vegetationsstadium sinken die Verdaulichkeit und der Nährstoffgehalt von Heu und auch von Grassilagen, weil ihr Rohfasergehalt steigt (zunehmende „Verholzung").

Während Rehwild sehr feines, blattreiches Heu mit einem hohen Anteil an Kräutern und Leguminosen benötigt, sollte das Grundfutter für Rotwild einen etwas höheren Anteil an strukturwirksamer Rohfaser beinhalten (auch 1. Schnitt geeignet). Da gerade das Futter aus dem ersten Aufwuchs einen höheren Rohfaseranteil hat als das Futter aus den folgenden Aufwüchsen, ist es zur Verfütterung an Rehwild weniger geeignet bzw. wird dieses Heu vom Rehwild auch nicht gerne angenommen werden. Das beim 2. bzw. 3. Schnitt geerntete Grummet ist blattreicher, feiner und hat evtl. auch einen höheren Anteil an Kräutern. Heu und Silagen von Bergwiesen mit einer großen pflanzlichen Vielfalt sind hier einem Futter von gräserreichen Intensivwiesen aus Gunstlagen unbedingt vorzuziehen und haben auch eine weitaus bessere Akzeptanz. Der Schnittzeitpunkt von Rehwildfutter sollte deshalb um den Beginn des Ähren-/Rispen-Schiebens von Goldhafer oder Knaulgras liegen. Bei Futter für Rotwild liegt der optimale Schnittzeitpunkt aber immer noch vor dem Beginn der Blüte, damit sowohl ein ausreichender Gehalt an strukturwirksamer Rohfaser als auch noch eine entsprechende Verdaulichkeit gegeben sind.

Während Rehwild sehr feines, blattreiches Heu mit einem hohen Anteil an Kräutern und Leguminosen benötigt, sollte das Grundfutter für Rotwild einen etwas höheren Anteil an strukturwirksamer Rohfaser beinhalten (auch 1. Schnitt geeignet)

Nicht zu vergessen ist als „Grundfutter" Prossholz (Obstbaumschnitt, Eschen, Ebereschen, Weiden- und Ahornarten, Haselnuss, Espe usw.), welches auch bewusst durch herbstliches Anschneiden und Umknicken bzw. Schlägern von Bäumen angeboten werden kann.

Im Frühling, wenn die Gräser zu „spitzen" beginnen, zeigen manche Kräuter schon eine gewisse Blattmasse, die bereits geäst wird. Insgesamt steht aber zu diesem Zeitpunkt wenig Strukturfutter auf den Äsungsflächen zur Verfügung.

Klee- und kräuterreicher Pflanzenbestand als Grundlage für Heu, das sich auch für Rehwild eignet

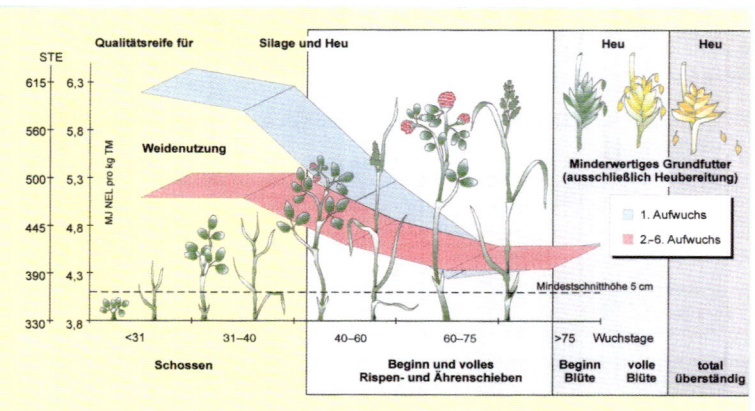

Nutzungsstadien und Energiegehalt des Grünlandfutters

Deswegen muss gerade in dieser Phase entsprechend strukturiertes Grundfutter in Form von Heu zur Verfügung stehen. Ernährungsphysiologischer Hintergrund dafür ist, dass in der Äsung das Verhältnis von Rohfaser : Rohprotein : leicht verdaulichen Kohlenhydraten ausgewogen sein muss, um wiederkäuergerechte Verhältnisse im Vormagensystem herzustellen. Andernfalls sucht sich das Wild zur Deckung des Bedarfes an strukturwirksamer Rohfaser Gehölzknospen und -triebe (erhöhte Wildschadensgefahr).

Heuwerbung

Zur Erzeugung von Heu werden frische Futterpflanzen (80–85 % Wassergehalt) durch verschiedene Methoden getrocknet und sind dann ab einem Restfeuchtegehalt von 14 % lagerfähig. Nach BUCHGRABER et al. (2004) können folgende Verfahren der Heuwerbung unterschieden werden:

- Bodenwerbung
- Unterdachtrocknung (Kaltbelüftungsanlagen, Solarenegerie ...) und künstliche Trocknung (Energie aus Hackschnitzelheizungen, Luftentfeuchter-Wärmepumpen ...)
- Gerüsttrocknung (verschiedene Methoden)

Grundfuttermittel sind jedenfalls „wiederkäuergerecht" und dürfen niemals fehlen

Bodenwerbung von Heu

Der Schnittzeitpunkt bestimmt die Qualität des Futters. Der Schnittzeitpunkt sollte daher für den 1. Aufwuchs für die Heuwerbung von Rehwildheu früh, also beim Ähren-/Rispen-Schieben, und für Rotwild nicht später als zu Beginn der Blüte von Goldhafer und Knaulgras gewählt werden. Beim Ähren-/Rispen-Schieben finden wir beim 1. Aufwuchs ein Stängel : Blatt-Verhältnis von 50 : 50. Bei solchem Heu können speziell Rehe einen ausreichend hohen Anteil von Blattteilen vorfinden und die harte Struktur der Stängel ist noch nicht so ausgeprägt. In der Blüte verändert sich dieses Verhältnis auf 60 : 40, und wird dann auch noch unsachgemäße Heuwerbung betrieben, so kommt es zu weiteren Blattverlusten. Das Stängel-Blatt-Verhältnis kann dann bei 80 : 20 liegen. Die Struktur des Futters ist dann für die Verfütte-

Einteilung von Futtermitteln und ihre Gewinnung

rung an Rehwild zu hart, während gröber strukturiertes Heu für Rotwild im Winter sowie im Frühling und während der Übergangsfütterung als ideales Grundfutter anzusehen ist. Zu Beginn der Fütterungszeit (Spätherbst, Frühwinter) benötigt auch Rotwild vermehrt rohprotein- und energiereiches Grundfutter, also auch blattreicheres Heu oder Grummet.

Zur Ernte sollte die Wiese in trockenem Zustand sein, die Schnitthöhe sollte bei 5–7 cm liegen. Die Heuwerbegeräte müssen in ihrer Arbeitshöhe hoch genug eingestellt sein, um Verschmutzungen des Futters zu vermeiden. Der Gehalt an Rohasche kann infolge Verschmutzung mit Erde ansteigen, was die Qualität und Akzeptanz des Heus vermindert. Am ersten Tag nach dem Mähen sind noch raschere maschinelle Arbeitsgeschwindigkeiten zulässig, weil das noch grüne oder angewelkte Futter noch stabiler ist. Bei halbtrockenem und trockenem Futter ist eine schonende Arbeitsweise nötig, da sonst die nährstoffreichen Blätter durch Abbröckeln verloren gehen. Nicht selten werden gute, arten- und blattreiche Pflanzenbestände durch falsche Futteraufbereitung so stark beeinträchtigt, dass im Heu bzw. Grummet nur noch die faserhaltigen Stängel übrig bleiben. Schonend getrocknetes Futter kann in 3–4 Tagen auf die Restfeuchte von weniger als 14 % Wassergehalt getrocknet werden, wo dann auch die Einlagerung ohne Probleme möglich sein sollte. Kommt das getrocknete Futter, insbesondere mit vermehrt stängeligen Oberkräutern leicht feucht in das Lager, so startet eine Fermentation (die mit hoher Selbsterwärmung einhergeht), branntiges und verschimmeltes Heu bzw. Grummet ist die Folge. Wird das Heu bzw. Grummet trocken gepresst, so sollte die Presse nicht zu streng eingestellt werden. Der locker gepresste Heuballen sollte in einem trockenen Lager noch Restfeuchte abgeben können, was bei zu dichtem Pressen nicht mehr möglich ist, es entstehen Schimmelnester. Heuballen sind immer trocken zu lagern, sonst ziehen sie Feuchtigkeit an, und es kommt wiederum zur Verschimmelung. Trocken eingelagertes Heu behält auch nach 2 Wintern seine Qualität, lediglich der Gehalt an β-Carotin sinkt stark. Heu bzw. Grummet mit bereits bedenklichem Hygiene- und Qualitätsstatus wird bei fortdauernder Lagerung qualitativ immer schlechter.

Heu, welches sorgfältig zur Blüte als Bodenheu geerntet und optimal eingelagert wurde, hat erfahrungsgemäß einen durchschnittlichen Rohfasergehalt von etwa 31 %, zeigt eine Verdaulichkeit der organischen Masse von 62 % und hat einen Rohproteingehalt von ca. 12 %. Der Energiegehalt liegt üblicherweise bei mehr als 8,5 MJ ME.

Aufgrund von Erfahrungen aus der Praxis nehmen Wildwiederkäuer bodengetrocknetes Heu allgemein weniger gerne an als künstlich getrocknetes Heu oder Heu aus Gerüsttrocknung.

Bodenwerbung von Heu bzw. Grummet muss unter optimalen Witterungsbedingungen erfolgen

Künstliche Trocknung von Heu und Grummet

Nach dem Mähen dauert es bei warmem und leicht windigem Wetter und bei guter Bearbeitung (Kreisler) etwa 1–2 Tage, bis das Futter etwa 60 % Trockenmasse erreicht hat. Das ist nun der Zeitpunkt, wo das stark angewelkte Futter in eine Belüftung unter Dach kommen kann. Mittels Warm- oder Kaltbelüftung wird dem Futter die Restfeuchte entzogen und auf 14 % Wassergehalt getrocknet. Dieser Trocknungsprozess ist energieaufwändig und führt, wenn er fachgerecht durchgeführt wurde, zu einem Qualitätsprodukt mit hohen Blattanteilen, und das

Futter ist nahezu frei von Schimmelpilzen. An der grünen Blattfarbe, den unverletzten Blättern und Blütenständen sowie am einwandfreien aromatischen Heugeruch kann man belüftetes Heu bzw. Grummet erkennen. Auch der Nährstoffgehalt solcherart geworbenen Futters ist deutlich höher, wodurch auch eine bessere Akzeptanz beim Wild erreicht werden kann. Künstlich getrocknetes Heu bzw. Grummet ist allerdings auch teuer.

Gerüsttrocknung von Heu

Diese Form der Heuwerbung ist vermehrt handarbeitsintensiv, sie bietet sich jedoch gerade für die Gewinnung von Wildheu besonders an. So können auch kleinere Flächen ohne maschinellen Einsatz bewirtschaftet werden, und die Qualität des solcherart geworbenen Heues oder Grummets ist oftmals sehr gut, da auch bei diesen Verfahren die Struktur des Ausgangsmaterials weitgehend erhalten bleibt. Auch die Akzeptanz von gerüstgetrocknetem Heu ist im Allgemeinen sehr gut. Das Futter muss trocken gemäht und sauber geworben werden. Es sollte nach dem Mähen ein- bis zweimal gewendet werden und dann in „luftiger" Form auf die jeweiligen Gerüste gesetzt werden. Die Futterqualität ist zumeist sehr gut, auch wenn es an der Oberfläche durch Verwitterung zu Braunverfärbungen kommen kann. Das Futter darf nur an sonnigen, warmen Tagen in trockenem Zustand von den Gerüsten abgenommen und dann trocken eingelagert werden.

Bei der Heu- bzw. Grummetbereitung durch Hiefler können sehr gute Qualitäten erreicht werden

Folgende Verfahren der Gerüsttrocknung gibt es:

- Gerüste für frisches Grünfutter
  - Schwedenreuter
  - Schnurreuter
- Gerüste für vorgewelktes Grünfutter
  - Hiefler
  - Hainzen
  - Heuhütten

Gärheu

Wurde beim Ähren-/Rispen-Schieben gemäht, sauber auf der Wiese gearbeitet und das Futter auf 50–60 % T getrocknet (angewelkt), so kann es in den darauffolgenden Abend- und Nachtstunden bei tauigen Verhältnissen zu Ballen gepresst und in eine Folie gewickelt werden. Eine besonders dichte Pressung ist hierbei sehr wichtig. Dieses angewelkte Futter wird im Ballen unter Luftabschluss mittels Milchsäurevergärung konserviert. Das Gärheu, in Deutschland auch Heulage genannt, ist noch kein richtiges Heu, aber auch keine Silage mehr. Gut gelungenes Gärheu ist aromatisch, weist ein hervorragendes Gefüge auf und hat auch noch eine gute Strukturwirksamkeit. Gärheuballen sind leichter, trockener, gefrieren im Winter kaum, das Gärheu staubt nicht und hat zumeist hohe Inhaltsstoffe. Grundvoraussetzung dazu ist die rechtzeitige Ernte zum Ähren-/Rispen-Schieben, eine saubere Werbung bis 50–60 % T, festes Pressen bei tauigen Verhältnissen sowie rasches und dichtes Wickeln. Besonders der 2. und 3. Aufwuchs bieten sich zur Produktion von Gärheu an.

Reh- und Rotwild zeigten in Fütterungsversuchen eine äußerst gute Akzeptanz von Gärheu. Aufgrund seines Trockenmassegehaltes sollte Gärheu eher zum getrockneten Grundfutter als zum Saftfutter zählen. Die Bereitung von Gärheu ist die schwierigste Form der Konservierung und sollte nur von Spezialisten durchgeführt werden.

„Laubheu"

Ein wertvolles und von Rehen sehr gerne angenommenes, aber arbeitsintensives Futtermittel ist Laubheu, das durch Abschneiden von Ästen und Zweigen von Laubbäumen (z. B. Esche, Eberesche), Sträuchern (z. B. Hartriegel) und von Himbeeren gewonnen wird. Die Äste und Zweige werden in Bündeln zusammengebunden und luftig aufgehängt. Beim Transport der getrockneten Bündel muss darauf geachtet werden, dass die Blätter nicht abbrechen. Der Transport sollte in großen Übersäcken erfolgen, damit auch die Bröckelverluste verfüttert werden können.

Laubheu (hier Himbeere) wird von Rehen besonders gerne angenommen – die Werbung ist arbeitsintensiv

Saftfuttermittel

Saftfuttermittel können sowohl von Reh- als auch von Rotwild zu einem Teil zur Deckung ihres Flüssigkeitsbedarfes herangezogen werden. Der Einsatz von Saftfuttermitteln hat deshalb in Revieren bzw. Regionen mit Wasserknappheit besondere Bedeutung. Saftfuttermittel werden allgemein gerne angenommen, und insbesondere Silagen haben aufgrund ihres Geruches auch eine große Lockwirkung auf das Wild (entsprechende Qualität vorausgesetzt!). Der Einsatz von Saftfuttermitteln ist teilweise (bundesländerweise) gesetzlich geregelt und hat deshalb nicht nur aus ernährungsphysiologischen Gründen entsprechende Bedeutung. Silagen richtiger Zusammensetzung können nach BUBENIK (1984) die (zu starke) winterliche Abmagerung verhindern, sind aber besonders bei Rehwildfütterungen wegen des geringen täglichen Verbrauches und der raschen Verderblichkeit als problematisch anzusehen.

Vorratshaltung und Verbrauch von Silagen

Seit Einführung der Ballensilage hat sich in den letzten 20 Jahren Grassilage in der Rotwildfütterung durchgesetzt, und auch Maissilage wird zunehmend eingesetzt. Für große Fütterung bieten auch der Hoch- bzw. Fahrsilo eine Möglichkeit zur Einlagerung, jedoch muss dann schon dementsprechend viel Silage pro Tag verbraucht werden (Vorschub). Eine Ballensilage mit hoher Gärqualität kann über 5 Tage (wärmere Verhältnisse) bis 10 Tage (kältere Witterung) verfüttert werden. Das heißt, es müssen an einem warmen Tag ca. 40 kg T bzw. 120 kg Silage und an einem kühlen Tag zumindest 20 kg T bzw. 60 kg Silage verfüttert werden. Ist der Vorschub zu gering, so können insbesondere nährstoffreiche Silagen und besonders auch Maissilagen durch die aeroben Bedingungen (Luftzufuhr) eine unerwünschte Nacherwärmung durch Hefepilze erfahren. Zur Wildtierfütterung dürfen nur Silagen bester Qualität angeboten werden, und diese Silagen dürfen nicht verderben. Gute Silagen können, sofern keine Luft in den Futterstock eindringt, über 2 Winter ihre Qualität erhalten, auch das wertvolle β-Carotin bleibt

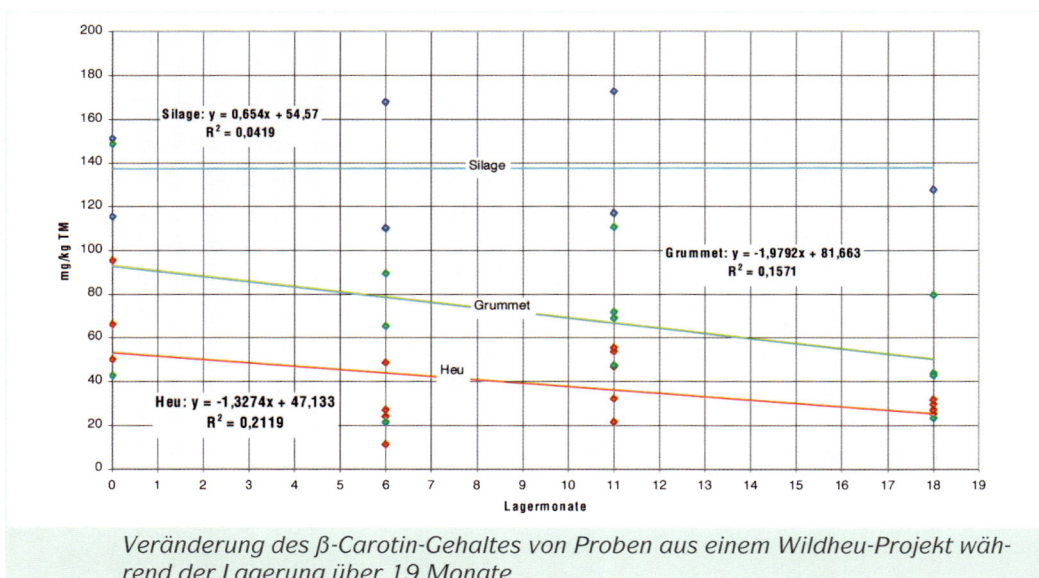

Veränderung des β-Carotin-Gehaltes von Proben aus einem Wildheu-Projekt während der Lagerung über 19 Monate

bei Silagen im Gegensatz zu Trockenfutter erhalten (BUCHGRABER et al., 2009). Die Lagerung von Ballen sollte auf befestigten Plätzen und auf deren „Stirnseite" erfolgen. Es wäre weiters wichtig, dass das Ballenlager sicher eingezäunt und mit einem Vlies abgedeckt wird. Folien sollten sofort nach Öffnen des Siloballens grob gereinigt und gesammelt werden, damit sie dann an einer entsprechenden Sammelstelle abgegeben werden können.

Bei Betreiben eines Fahrsilos sollte im Winter pro Woche ein Vorschub von 70 cm und im Frühjahr ein Vorschub von 140 cm gegeben sein, damit keine Nacherwärmung stattfinden kann. Im Hochsilo ist ein täglicher Verbrauch von zumindest 20 cm empfehlenswert.

Bereitung von Gras- und Maissilagen

Die Silierung von Gras, Maispflanzen, aber auch von Apfeltrestern usw. ist eine gängige Methode zur Haltbarmachung (Konservierung) von Futtermitteln. Das Grundprinzip der Konservierung des Futters liegt in der Ansäuerung, wobei die natürlich vorkommenden Milchsäurebakterien unter luftfreien (anaeroben) Bedingungen aus dem Zucker der Pflanzen Milchsäure und Kohlendioxid herstellen. Die Milchsäure senkt den pH-Wert von ursprünglich pH 6,8 auf etwa pH 4,0 und schließt somit die gärschädliche Wirkung vieler Bakterien und Pilze aus. Entscheidend für diesen Ansäuerungsprozess ist, ähnlich wie beim Sauerkraut, dass Futter mit gutem Zuckergehalt vorliegt und dass streng luftfreie Verhältnisse im Silostock bestehen. Die im Stock enthaltene Luft muss durch Pressen und Verdichten entfernt werden und dann wird das Siliergut mit Folien luftdicht verschlossen. Die Einhaltung der Silier-Regeln (BUCHGRABER et al., 2003) hat dabei besondere Bedeutung:

- Ernte beim Ähren-/Rispen-Schieben: hoher Zuckergehalt, noch nicht zu grobe Struktur, gute Verdichtung möglich
- Trocken mähen und die Schnitthöhe auf 5–7 cm einstellen: Vermeidung von Verschmutzung mit Erde, Vermeidung von Buttersäuregärung

Einteilung von Futtermitteln und ihre Gewinnung

- Anwelken auf 30–40 % T: unter 30 % Nasssilage, nicht empfehlenswert
- Gut pressen (verdichten) und 6-lagig wickeln und abdecken: Luft muss raus und darf nicht mehr rein!

Beim Ähren-/Rispen-Schieben von Goldhafer oder auch Knaulgras hat ein Wiesenbestand einen Rohfasergehalt von etwa 25 %, und die organische Masse hat eine Verdaulichkeit von ca. 70 % bei einem Energiegehalt von erfahrungsgemäß über 9,0 MJ ME. Der Gehalt an Rohprotein liegt bei entsprechend gedüngten Flächen, die auch Leguminosen tragen, bei 12–14 % in der Trockenmasse. Der Zuckergehalt ist in der Regel hoch und die Verdichtbarkeit des Futters noch sehr gut. Das Anwelken auf 30–40 % T hebt die Zuckerkonzentration im Futter, was die Milchsäuregärung fördert, und es tritt kein Siliersaft mehr aus. Auch finden sich in solchen Silagen nur geringe Mengen an Buttersäure und Essigsäure, weshalb sie von Reh- und Rotwild sehr gut angenommen werden.

Faustregel: Wenn man die Silage in den Händen presst und wringt, dann sollte kein Saft aus dem Material austreten.

Wird das Futter gegen 11:00 Uhr unter trockenen Bedingungen gemäht, sofort gewendet, gegen 16:00 Uhr nochmals gekreiselt und anschließend geschwadet, so kann bei guten Wetterbedingungen (warm und windig) bereits am ersten Tag ein Trockenmassegehalt von unter 30 % erreicht werden. Will man kein Gärheu, so kann noch ab 20:00 Uhr gepresst und gewickelt werden, man nennt diese Silage auch Eintagessilage. Ist das Wetter nicht optimal, die Ertragsmasse zu hoch oder der Schnitt erfolgte erst am Nachmittag oder am Abend, so kann erst am nächsten Tag einsiliert werden. Bakterienpräparate, Säuren oder Salze sowie zuckerhältige Zusätze können den Gärprozess verbessern, wobei die richtige Dosierung des jeweiligen Präparates unbedingt einzuhalten ist. Insbesondere Grasbestände mit hohem Kleeanteil sind verhältnismäßig schwierig zu silieren.

Silomais ist zuckerreich und stellt deshalb für die Silobereitung ein optimales Gut dar. Silomais sollte eine Trockenmasse von 33 % haben, das heißt, dass die Maiskörner an der Spindel beim Drücken zwischen Daumen und Zeigefinger „keine Milch mehr zeigen". Solange die Körner hier noch spritzen, ist es für die Ernte noch zu früh. In diesem Erntestadium stellt die Ganzpflanzensilage „Silomais" eine spezielle und besonders energiereiche Futterbasis dar, die zu den leicht vergärbaren Futterpartien zählt, die verhältnismäßig pansenaggressiv sind und deshalb zur Verfütterung an Wildwiederkäuer nur bedingt empfohlen werden können. Da geernteter Silomais in den Ackerbaugebieten ausschließlich nach Gewicht verkauft wird, sollte bewusst auf das entsprechende Erntestadium geachtet und auf zu feuchte Silagen verzichtet werden, „man kauft viel Wasser". Maissilage in Ballen kann in Rotwildfütterungen eine ideale, jedoch kostenintensive Ergänzung des Fütterungsangebotes darstellen.

Waldsilage

Für Rehwild gibt es einige Rezepte so genannter „Waldsilagen" (Klee und Gras mit Weiden-, Eschen- und Eberescherzweigen, Himbeeren usw. sowie Melasse und Quetschhafer als „Silierhilfe"), die zwar arbeitsintensiv sind, aber gerne angenommen werden. Bei Temperaturen über 5 °C verderben Waldsilagen aber schnell. Waldsilagen können in Fässern siliert werden.

„Waldsilagen" verderben wie alle Silagen rasch und müssen daher zumindest alle zwei Tage frisch vorgelegt werden

Zu lange Schnittlängen, eine ungenügende Verdichtung des Siliergutes, aber auch undichte Silofolien bzw. Behältnisse oder der Verzicht auf einen Folienschutz stellen weitere, in der Praxis häufig zu beobachtende Fehlerquellen dar. Werden Silagen in Form von Rundballen zugekauft, so kann eine Beurteilung der Silagequalität durch Einsatz eines Probenbohrers vorgenommen werden.

Futterinhaltsstoffe von der Äsung bis zum Heu (RESCH et. al., 2006)

Futter-angebot	Rfa g/kg T	RP g/kg T	Energie MJ ME/kg T	Ca g/kg T	P g/kg T	Fe mg/kg T	Zn mg/kg T
Grünäsung kurz	184	234	11,2	8,8	4,4	656	33
mittel	214	185	10,1	10,8	3,4	603	43
spät	282	110	8,9	8,6	1,8	548	41
Grassilage – 1. Aufwuchs (Ähren-/Rispen-Schieben)	248	158	10,1	8,0	3,3	799	38
Folgeaufwüchse (Ähren-/Rispen-Schieben)	238	167	9,8	10,2	3,5	814	51
Silage aus Luzernegras (Beginn Blüte)	275	176	9,5	10,3	3,4	461	33
Maissilage (Teigreife)	230	74	10,3	2,4	1,9	179	30
Heu (1. Aufwuchs in der Blüte)	314	101	8,7	6,1	2,4	428	31
Grummet in der Blüte	299	121	8,8	7,2	2,9	475	34
Luzerneheu (1. Aufwuchs)	355	159	8,2	13,2	2,6	260	2,3
Biertreber	167	256	11,5	2,5	5,2	125	83

MJ ME: Megajoule Umsetzbare Energie; RP: Rohprotein, Rfa: Rohfaser; Ca: Kalzium; P: Phosphor; Fe: Eisen; Zn: Zink

Trester

Auch Trester (Apfeltrester, Traubentrester ...) können solcherart einsiliert werden. Da der Gehalt an Restzucker in Trestern zumeist sehr stark schwankend, immer aber relativ hoch ist, ist entsprechende Vorsicht bei der Verfütterung von Trestern geboten (Gefahr der Pansenübersäuerung), zumal die Akzeptanz solcher Silagen meist sehr gut ist und entsprechend hohe Mengen davon aufgenommen werden. STUBBE (2008) empfiehlt die Beimengung von 5–10 % Kraftfutter, Sojaschrot oder auch Grünraps. Auch die Gefahr des raschen Verderbs (Fäulnis) oder der alkoholischen Nachgärung ist bei Einsatz von Trestern nicht unerheblich und muss beachtet werden (Geruch beachten!).

Treber, Schlempen

Treber (Gerste) sind Nebenprodukte von Brauereien, sehr wasserreich und relativ reich an Rohprotein, jedoch schwierig zu silieren, da die Gefahr der Schimmelbildung sehr groß ist. Abgepresste Biertreber in Bigbags machen eine Milchsäuregärung durch und können portionsweise zugefüttert werden. Auf die Gefahr eines Eiweißüberhanges in der Ration durch den übermäßigen Einsatz von Trebern wird an dieser Stelle besonders hingewiesen wie auch auf die Forderung, dass verpilzte Treber nicht mehr verfüttert werden dürfen. Schlempen (Weizen, Mais) sind Nebenprodukte aus Brennereien und der Ethanolerzeugung, sie sind ebenfalls rohprotein-

Einteilung von Futtermitteln und ihre Gewinnung

Das Silieren von Apfeltrester (hier Verdichten) kann in Fässern oder größeren Einheiten erfolgen
Apfeltrester lässt sich leicht silieren – bei hohem Restzuckergehalt besteht jedoch die Gefahr der alkoholischen Gärung oder der Pansenübersäuerung

reich. Aufgrund der derzeitigen Entwicklungen am Energiesektor ist mit einem starken Anstieg des Angebotes von Trockenschlempen als Futtermittel zu rechnen. Die bisherigen (2008) guten Erfahrungen des Einsatzes von getrockneten und pelletierten Trockenschlempen in der Fütterung von Rindern und kleinen Wiederkäuern lassen einen bedingten Einsatz auch beim Wildwiederkäuer erwarten, entsprechend aktuelle Studien zu dieser Fragestellung stehen jedoch derzeit noch aus. Zu berücksichtigen wäre in der Rationsberechnung allerdings der hohe Eiweißgehalt von Trockenschlempen.

Hackfrüchte

Hackfrüchte (Rüben, Kartoffeln, Topinambur ...) haben einen sehr hohen Feuchtigkeitsgehalt (75–90 %), sind relativ kohlenhydratreich (Stärke, Zucker), aber sehr eiweiß- und mineralstoffarm. Während der Einsatz von Topinambur und Kartoffeln zur Reh- und Rotwildfütterung in unseren Regionen weniger verbreitet ist, findet der Einsatz von Rüben (Futterrüben, teilweise auch Zuckerrüben) besonders in der Fütterung von Rotwild entsprechenden Zuspruch.

Neben den stark unterschiedlichen Gehalten an wertbestimmenden Bestandteilen (zwischen 1,4 und 3 MJ ME bzw. zwischen 4 und 12 g vRp je kg Frischmasse) gelten die Verschmutzung von Rüben (Ernte

Die Fütterung von Hackfrüchten kann im Hochwinter auch am Boden erfolgen

unter ungünstigen Witterungsbedingungen, Verschmutzung führt zum Durchfall beim Wild) sowie die Lagerung als heikle Punkte. Die Art und Dauer der Lagerung von Hackfrüchten haben einen entscheidenden Einfluss auf den Gehalt an wertbestimmenden Nährstoffen. Nach 6-monatiger Lagerdauer sind etwa nur noch 10 % des Nährstoffgehaltes (Energie) bei Rüben vorhanden, und auch Kartoffeln verlieren in dieser Zeit 30 % ihres Nährstoffgehaltes. Auch die Nährstoffverluste durch Fäulnis können sehr hoch sein.

Faulende oder verschimmelte Rüben müssen aus dem Fütterungsbereich entfernt werden

Rüben sind frostfrei in Mieten oder Kellern zu lagern, wobei die optimale Lagerungstemperatur 2–4 °C betragen soll. Einmal gefrorene Rüben verderben nach dem Auftauen sehr rasch (Fäulnis bzw. Schimmelbildung). Bei Minusgraden sind die Rüben zu zerkleinern, insbesondere Rehwild kann diese Rüben sonst nicht annehmen (sind ja keine Nagetiere). Zu beachten ist, dass zerkleinerte Rüben bei höheren Temperaturen wieder rasch verderben. Faulende und verschimmelte Rüben müssen frühzeitig und sicher aus dem Fütterungsbereich entfernt werden.

Ergänzungsfuttermittel und Konzentrate („Kraftfuttermittel")

Kraftfuttermittel haben einen hohen Energie- bzw. Eiweißgehalt (energie- bzw. eiweißbetonte Kraftfuttermittel). Ergänzungsfuttermittel und Konzentrate dürfen aufgrund ihrer hohen Gehalte an Energie (Stärke, Zucker) und auch an Rohprotein nicht alleine, sondern nur in Kombination mit rohfaserbetonten Grundfuttermitteln an Wiederkäuer verfüttert werden. Kraftfuttermittel stellen lediglich eine Energie- bzw. Rohprotein-Ergänzung dar, wenn das angebotene Grundfutter bzw. die vorhandene Äsung den Bedarf des Wildes („Grundumsatz und Leistung") nicht zu decken vermag.

Zu den bei uns gängigen Kraftfuttermitteln zählen im Wesentlichen (einzeln und in Mischungen): Trockenschnitzel, Melasse, Treber und getrocknete Schlempen, Bierhefe, Maiskleber, Weizenkleie, Raps-, Sonnenblumen- und Sojabohnenextraktionsschrot, Ackerbohne, Erbse, Körnermais, Hafer, Gerste, Triticale, Weizen und Roggen. Aber auch Kastanien, Bucheckern und Eicheln sind aufgrund ihrer Gehaltswerte zum Kraftfutter zu zählen.

Während Körnermais und die Getreidearten sehr energiereich sind, finden sich in den Hülsenfrüchten (Bohnen, Erbsen, Soja ...) besonders hohe Anteile an Rohprotein. Diese stark unterschiedlichen Gehaltswerte sind beim Fütterungseinsatz unbedingt zu bedenken und zu berücksichtigen. So wird es zum Beispiel nicht nur ernährungsphysiologisch unsinnig, sondern bereits tiergesundheitlich relevant, wenn rohproteinreiche Grundfuttermittel (gutes Grummet, Grassilage) mit Sojaschrot, Schlempen oder Treber, also ebenfalls rohproteinreichen Kraftfuttermitteln, ergänzt würden. Der Rohproteinüberhang dieser Ration hätte negative Auswirkungen auf das Äsungsverhalten der Tiere, und Schälschäden sowie Verbiss könnten die Folge sein. Zu dem wären über kurz oder lang auch negative Auswirkungen auf die Tiergesundheit festzustellen.

Dieser und ähnliche Fütterungsfehler im Zusammenhang mit der Rohproteinversorgung sind in der Praxis immer wieder zu beobachten, nicht zuletzt, weil rohproteinreiche Futtermittel aufgrund ihrer hohen Schmackhaftigkeit allgemein sehr gerne von Wildtieren aufgenommen werden.

Einteilung von Futtermitteln und ihre Gewinnung

Hinsichtlich ihrer pansenansäuernden Wirkung gibt es zwischen den einzelnen Kraftfuttermitteln sehr große Unterschiede, und so sollten insbesondere vermehrt pansenaggressive Futtermittel (Getreidearten, Melasse) nur mit Bedacht oder besser überhaupt nicht in Reinform eingesetzt werden.

Neben der Pansenaggressivität, die in erster Linie vom Energiegehalt abhängig ist, muss aber auch der Eiweißgehalt eines Futtermittels berücksichtigt werden. So erscheint beispielsweise Biertreber in der Abbildung als pansenverträglich, aufgrund seines sehr hohen Eiweißgehaltes ist Biertreber jedoch zur Fütterung an Wildtiere, speziell an Rotwild, nicht empfehlenswert. Auch Extraktionsschrote (Raps, Soja) und Schlempen (Gerste, Mais) sind sehr eiweißhältig und daher nur bedingt zur Fütterung von Wildwiederkäuern einsetzbar.

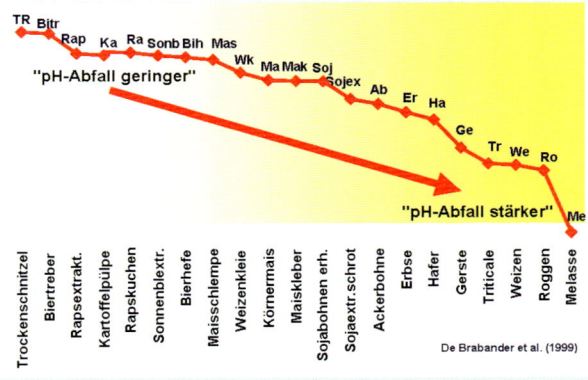

Gängige Kraftfuttermittel und ihre pansensäuernde Wirkung (mehr und weniger „pansenaggressive" Futtermittel)

Körnermais ist relativ energiereich und entfaltet seine pansenaggressive Wirkung insbesondere dann, wenn er in Form von Bruchmais vorgelegt wird. Bei Bruchmais wird die Oberfläche infolge des Brechens sehr stark vergrößert, die Stärke ist schnell im Pansen verfügbar, und dadurch kommt es zu einer sehr raschen und starken Absäuerung des Panseninhaltes (Gefahr der Pansenazidose). Bruchmais ist auch gegenüber einer Verpilzung verstärkt gefährdet, was ebenfalls auch für den Hafer gilt. Es darf nur Hafer von bester hygienischer Qualität eingesetzt werden, da ansonsten die Gefahr der Belastung mit Pilzgiften (Mykotoxinen) sehr hoch ist. Folgen: u. a. Leberschäden, Fruchtbarkeitsstörungen.

Futtermittelhersteller bieten spezielle Kraftfutter zumeist in pelletierter Form an. Durch das Pelletieren (Pressen von zerkleinerten Futtermitteln) wird das Volumen reduziert, eine Entmischung der Komponenten wird verhindert, die Keimzahl wird abgesenkt, und es wird auch ein gewisser Aufschlusseffekt erzielt (höhere

Kraftfuttermittel (hier Pellets) müssen immer in Kombination mit Grundfuttermitteln gefüttert werden

Verdaulichkeit). Da beim Pelletieren durch den Druck auch Hitze entsteht, kommt es zu einer oberflächlichen Karamellisierung, was sich durch den aromatischen Geruch der Pellets bemerkbar macht. Die Akzeptanz des Futters erhöht sich dadurch zusätzlich.

Der Vorteil von pelletiertem Kraftfutter liegt in der Möglichkeit, durch Mischungen eine gewisse Ausgewogenheit herstellen zu können (energie- oder eiweißbetont, je nach Anwendung und Bedarf sowie zur Verfügung stehenden Grundfuttermitteln).

Der Hersteller ist außerdem gesetzlich verpflichtet, die wertbestimmenden Inhaltsstoffe anzugeben („Sackanhänger"). Eine Anreicherung mit Mineralstoffen, Spurenelementen und Vitaminen ist möglich, wird teilweise auch durchgeführt und ist vor dem Einsatz zu berücksichtigen. Da die Qualität der Ausgangsmaterialien von Pellets nicht mehr nachvollziehbar ist, ist der Käufer besonders auf die Vertrauenswürdigkeit des Herstellers angewiesen. Werden beispielsweise zur Herstellung von Pellets mit Schimmelpilzen belastete Getreidechargen herangezogen, so finden sich die entstandenen Mykotoxine auch noch zur Gänze in den Pellets.

Aus all den genannten Gründen darf Kraftfutter nur in Kombination mit qualitativ hochwertigem, für die Wildtierart entsprechend strukturiertem Grundfutter, und das in Form einer ausgewogenen, wildwiederkäuergerechten Ration, verfüttert werden, sofern der Lebensraum nicht natürliche Äsung als Hauptkomponente liefert.

Leckmassen und Kaublöcke, Futterblöcke

Wildfutterblöcke zählen ebenfalls zu den Ergänzungsfuttermitteln. Verschiedene Getreidearten werden mit Zusätzen von Mineralstoffen, Spurenelementen und evtl. Vitaminen zu einem harten Block gepresst und dem Wild zur freien Aufnahme angeboten.

Wildfutterblöcke müssen vor Feuchtigkeit und Witterungseinflüssen geschützt angeboten werden. Aufgrund ihrer harten Konsistenz können von solchen Blöcken nur kleinere Mengen pro Zeiteinheit vom Wild aufgenommen werden, wodurch eine kontinuierlichere Fütterung gewährleistet werden soll. Blöcke werden üblicherweise nur dann angenommen, wenn kein anderes Wildfutter, ausgenommen Raufutter, in loser Form beigefüttert wird. Erheblich können allerdings die Futtermittelverluste durch Vögel an diesen Futterblöcken sein.

Beim Zukauf von Ergänzungsfuttermitteln ist neben der Qualität und hygienischen Beschaffenheit des Futtermittels immer auch die Zusammensetzung, also der Gehalt an wertbestimmenden Bestandteilen (= Inhaltsstoffe), mit dem Preis in Relation zu setzen.

Fertig- oder „Alleinfuttermittel"

Alleinfuttermittel ist per Definition ein Mischfutter, welches, allein verfüttert, den Bedarf des Tieres auf Dauer decken kann. Daraus abgeleitet, gilt es jedoch zu beachten, dass die Zusammensetzung von Alleinfutter für Rehwild eine andere sein muss als die Zusammensetzung von Alleinfutter für Rotwild. Aber auch innerhalb dieser Wildtierarten finden sich immer noch Tiere mit stark unterschiedlichem Bedarf, männliche und weibliche Stücke, tragende und nicht tragende Stücke, Jungtiere, wachsende, ausgewachsene und alte Stücke, und im Übrigen ist der Bedarf nicht während der gesamten Fütterungsperiode gleich bleibend. Bereits unter diesen individuellen Aspekten wird klar, dass die Bezeichnung Alleinfutter für Wildtiere nicht zielführend sein kann. Wenn dann noch regionale Faktoren, wie Unterschiede im natürlichen Äsungsangebot oder auch schwankende Bedarfsnormen der Wildtiere hinsichtlich der Jahreszeiten, hinzukommen, dann wird der alleinige Einsatz eines Alleinfutters gänzlich ad absurdum geführt. Auch beim Einsatz eines Alleinfuttermittels sind deshalb unbedingt Grundfuttermittel von entsprechender Qualität in ausreichender Menge zur Verfügung zu stellen.

Einteilung von Futtermitteln und ihre Gewinnung

Mineralstoff- und Wirkstoffmischungen

Mineralstoff- und Wirkstoffmischungen sind hoch konzentrierte Ergänzungsfuttermittel und sollten nur kontrolliert eingesetzt werden. Durch übermäßigen Einsatz können sehr leicht Überversorgungen und damit verbundene Erkrankungen ausgelöst werden.

Beispiele für Gehaltswerte in kommerziell erhältlichen Wildfuttermischungen

	Aufbaufutter Reh-/Rotwild	Erhaltungsfutter- Rehwild	Erhaltungsfutter- Rotwild	Mineral- ergänzer
Rohprotein %	14,0	12,5	10,5	12,0
Rohfett %	4,0	3,0	3,0	3,5
Rohfaser %	12,5	13,0	8,0	6,6
Rohasche %	13,5	13,0	8,0	39,0
MJ ME/kg T	9,3	9,4	10,2	7,1
Kalzium %	2,0	1,9	1,5	7,0
Phosphor %	1,0	0,8	0,5	4,0
Natrium %	0,65	0,65	0,3	2,0

MJ ME: Megajoule Umsetzbare Energie

„Kraftfuttermittel" sollten, wenn überhaupt, günstigenfalls als TMR (Totale Mischration) mit Grundfutter vermischt werden.

Beispiele für den Nährstoffgehalt ausgewählter Kraftfuttermittel je kg Trockenmasse

	MJ/ME	RP g	nXP g	UDP g	RNB g	RFA g	NDF g	ADF g	ADL g	RFE g	Stärke g	Zucker g	Ca g	P g	Mg g	Na g	Mn mg	Zn mg	Cu mg
Ackerbohne	13,6	298	195	45	17	89	171	108	3	16	422	41	1,6	4,8	1,8	0,18	33	46	12,3
Biertreber (siliert)	10,1	257	176	103	13	169	600	243	58	86	42	10	3,3	4,6	2,0	0,05	56	100	11,1
Erbsen	13,4	251	187	25	10	67	167	76	6	15	478	61	0,9	4,8	1,3	0,25	17	24	7,5
Futterrübe (gehaltvoll)	11,9	77	149	15	-12	64	125	65	7	7	0	614	2,7	2,4	1,8	4,08	83	32	7,2
Gerste (Sommer)	12,9	119	165	30	-7	52	223	76	12	23	604	24	0,8	3,9	1,3	0,32	18	32	6,1
Hafer	11,4	121	140	18	-3	116	336	162	27	53	452	16	1,2	3,5	1,4	0,38	48	36	4,7
Körnermais	13,2	106	164	53	-9	26	130	35	7	45	694	19	0,4	3,2	1,0	0,26	9	31	3,8
Melasse (Rübe, zuckerreich)	12,2	136	160	27	-4	0	k.A.	k.A.	k.A.	2	0	629	5,4	0,3	0,2	7,33	36	31	10,8
Rapsextraktionsschrot	12,1	415	231	104	29	130	285	115	115	30	0	80	7,3	13,0	7,5	1,10	59	74	7,7
Rapskuchen	13,0	370	217	111	25	128	295	77	77	101	0	122	6,3	10,0	5,1	0,80	57	60	8,4
Roggen	13,3	112	131	17	-10	27	132	14	14	18	632	68	0,9	3,3	1,4	0,26	53	34	5,6
Sojabohnen (vollfett)	15,8	398	189	80	33	62	146	7	7	203	57	81	2,9	7,1	2,1	0,70	23	37	7,7
Sojaextraktionsschrot-44	13,7	510	308	179	32	67	163	8	8	15	69	108	3,1	7,0	3,0	0,23	33	70	19,1
Sojaextraktionsschrot-HP	13,7	548	324	192	36	39	102	6	6	13	69	115	3,2	7,6	2,7	0,34	31	59	17,3
Sonnenblumenextraktionsschrot (teilgeschält – Bruch)	11,0	457	31	114	36	181	289	77	77	28	0	86	4,2	5,3	8,8	0,46	35	111	45,1
Triticale	13,1	145	170	2	-4	28	148	13	13	18	640	40	0,8	2,8	1,1	0,10	35	59	6,8
Trockenschnitzel	11,8	120	160	54	-6	164	341	15	15	4	0	68	8,0	7,3	4,3	1,80	75	17	5,8
Weizen (Winter)	13,3	138	172	28	-5	29	139	12	12	20	662	33	0,7	3,8	1,3	0,17	35	65	7,0
Weizenkleie	9,2	160	140	40	3	134	456	36	36	43	149	64	1,8	13,0	5,3	0,54	134	87	15,0

Legende: MJ ME: Megajoule umsetzbare Energie; RP g: Rohprotein Gramm; nXP g: verdauliches Rohprotein; UDP: unabbaubares, pansenstabiles Rohprotein; RNB: Ruminale Stickstoffbilanz; RFA: Rohfaser; NDF: Neutral Detergent Fibre; ADF: Acid Detergent Fibre; ADL: Acid Detergent Lignin; RFE: Rohfett; Ca: Kalzium; P: Phosphor; Mg: Magnesium; Na: Natrium; Mn: Mangan; Zn: Zink; Cu: Kupfer

Grundfutter-beurteilung

Nährstoffgehalte und sensorische Bewertung

Mit einer sachkundigen Beobachtung und Bewertung von Futtermitteln lässt sich ein umfassender Zustand der Futterinhaltsstoffe und der Futterhygiene feststellen. Die Ergebnisse aus der sensorischen und möglicherweise analytischen Futteruntersuchung sind für die richtige Fütterung in abgestimmten Rationen entscheidend. Mit den eigenen Sinnen (Nase, Augen und Hände) kann eine repräsentativ ausgewählte Futterprobe (1–3 kg), eine gewisse Routine vorausgesetzt, schon sehr genau beurteilt werden.

Nährstoffgehalte und sensorische Bewertung

Vorgangsweise bei der Bewertung von Futterproben

Sensorische Bewertung der Futterqualität

Futterwertzahl

Beispiele für Nährstoffgehalte verschiedener Grundfuttermittel zur Verfütterung an Wildwiederkäuer

Eine Probe zur Grundfutterbewertung sollte sich aus mehreren Stichproben zusammensetzen, d. h., man darf nicht nur eine Stichprobe entnehmen, sondern es sollen 5–10 kleine Stichproben gezogen werden, die dann die eigentliche

Futtermittel sollen vor ihrem Einsatz zumindest grobsinnlich bewertet werden (Grassilage, Heu, Maissilage)

Probe ergeben. Bei der Entnahme der Stichproben ist Vorsicht geboten. Werden Stichproben zu ruckartig entnommen, so verliert die ganze Probe möglicherweise an Aussagekraft, weil ein Teil der Blätter verloren geht.

Vorgangsweise bei der Bewertung von Futterproben

- Ein Pflanzenbestand besteht aus den Artengruppen Gräser, Kräuter und Leguminosen. Diese Artengruppen kann man auch in der Futterprobe noch nachvollziehen, die Anteilsermittlung erreicht man durch Schätzung der Gewichtsprozente. Zuerst schätzt man dabei die Artengruppe mit den höchsten Anteilen (zumeist Gräser) und dann jene mit den geringsten Anteilen (zumeist Kleearten). Die Differenz zu 100 ergibt dann den fehlenden Anteil (zumeist Kräuter).
- Mit dieser Aufschlüsselung steigen wir in die Probe ein und bekommen die wichtige Information über die grobe Pflanzenzusammensetzung. Dabei fallen auch einzelne Pflanzenarten auf, die ebenfalls vermerkt werden sollen. Als nächster Schritt wird das Stängel-Blatt-Verhältnis angesprochen. Dieses Verhältnis ist abhängig vom Artengruppenverhältnis, vom Aufwuchs, vom Schnittzeitpunkt und vom Konservierungsverfahren. Hohe Anteile an Kräutern und Kleearten steigern den Blattanteil. Der erste Aufwuchs ist noch mehr von samentragenden Obergräsern (Stängel) dominiert, was auch den Rohfasergehalt erhöht, während die Folgeaufwüchse eindeutig höhere Blattanteile aufweisen. Wird bei diesen Aufwüchsen, insbesondere beim ersten Aufwuchs, das Vegetationsstadium Ähren-/Rispen-Schieben gewählt, so sind mehr Blattanteile zu erwarten als bei einem späteren Schnitt zur Blüte, wo sich die Stängel noch mehr ausgewachsen haben (zunehmende „Verholzung").

Futterpartien mit hohem Blattanteil (über 50 %) sind für das Rehwild besonders geeignet während Heu mit einem höheren Stängelanteil eher zur Vorlage für Rotwild geeignet ist.

Konservierungsverfahren und Vegetationsstadium	Stängel-/Blattanteile (%) Heu (1. Aufwuchs)	Stängel-/Blattanteile (%) Grummet (Folgeaufwuchs)
Silagen und Gärheu		
Ähren-/Rispen-Schieben	50 : 50	25 : 75
Blüte	(60 : 40)*	30 : 70
Trockenfutter Bodentrocknung		
Ähren-/Rispen-Schieben	65 : 35	40 : 60
Blüte	70 : 30	50 : 50
Überständig	80 : 20	60 : 40
Trockenfutter Belüftung		
Ähren-/Rispen-Schieben	55 : 45	30 : 70
Blüte	65 : 35	35 : 65

* Für eine Konservierung als Silage oder Gärheu kritisch zu bewerten

Durchschnittliche Stängel-/Blattanteile in den einzelnen Aufwüchsen sowie bei unterschiedlichen Schnittterminen und Konservierungsverfahren

Grundfutterbeurteilung

Der Schnittzeitpunkt und das Vegetationsstadium des Pflanzenbestandes können an den Leitgräsern Knaulgras oder Goldhafer in der Futterpartie abgelesen werden. An den Ähren, Rispen oder Pollenbeuteln können die Stadien Ähren-/Rispen-Schieben bzw. Blüte erkannt werden. Das Vegetationsstadium und das Stängel-Blatt-Verhältnis geben Auskunft über den Rohfasergehalt des Futtermittels.

	Futterpartien	**Rohfasergehalt** g/kg T	**Rohproteingehalt** g/kg T
Rehwild	**Energie- und rohproteinreiches Grundfutter:** Silage und Gärheu vom zweiten Aufwuchs (Ähren-/Rispen-Schieben) und Grummet (Ähren-/Rispen-Schieben und Blüte)	220–260	130–150
	Strukturreiches Grundfutter: Grummet im Ähren-/Rispen-Schieben u. Blüte	270–300	100–130
Rotwild	**Energie-und rohproteinreiches Grundfutter:** Silage und Gärheu vom ersten Aufwuchs (Ähren-/Rispen-Schieben) und Grummet (Ähren-/Rispen-Schieben und Blüte)	220–260	130–150
	Strukturiertes Grundfutter: Heu (1. Aufwuchs, Ähren-/Rispen-Schieben oder Blüte)	300–340	90–110
	Grob strukturiertes Grundfutter (Heu aus überständigen Beständen): für die Übergangsfütterung in die Frühjahrsäsung	über 350	weniger 90

Futterpartien unterteilt hinsichtlich ihres Gehaltes an Rohfaser und Rohprotein sowie ihres Stängel-Blatt-Verhältnisses und daraus abgeleitete Empfehlungen zur Verfütterung an Reh- und Rotwild

Grummet und rechtzeitig geerntetes Heu sowie beste Anwelksilagen und Gärheu sollen schwerpunktsmäßig an Rehwild verfüttert werden. Gröbere Futterpartien vom ersten Aufwuchs als Trockenfutter sollten als Strukturfutter für das Rotwild eingesetzt werden. Energie- und rohproteinreichere Futterpartien können dem Rotwild in Form von Trockenfutter, Silage oder Gärheu vorgelegt werden.

Für den richtigen Einsatz in der Futterration sollten, sofern keine Ergebnisse von Laboruntersuchungen vorhanden sind, Werte aus der Futterwerttabelle (RESCH et al., 2006) eingesetzt werden.

Sensorische Bewertung der Futterqualität

Besonders die Wildwiederkäuer haben aufgrund ihrer feinen Sinne ein großes Bedürfnis, nur qualitativ bestes Futter aufzunehmen. Der Geruch, das Gefüge, die Struktur, die Farbe und auch etwaige Verschmutzungen des Futters bestimmen im Wesentlichen, ob das vorgelegte Futter vom Wild angenommen wird oder nicht.

Sensorische Bewertung von Heu und Grummet

Trockenfutter hat einen Trockenmassegehalt von mehr als 86 %. Fühlt sich Heu bzw. Grummet leicht feucht an, wird dadurch die Lagerfähigkeit stark beeinträchtigt. Bei feucht eingelagertem Trockenfutter kommt es zu einer intensiven Fermentation (Erwärmung) und in der Folge zu einer Durchsetzung mit Schimmelpilzen.

Geruch

Heu und Grummet von hoher hygienischer Qualität und einer breiten Pflanzenzusammensetzung zeigen aufgrund ihres Kräuteranteiles einen aromatischen Geruch. Heupartien aus reinen Gräserbeständen zeigen einen eher faden Geruch. Bereits geringe Anteile an Schimmelsporen können, auch wenn der Schimmelbefall für uns noch nicht sichtbar ist, bei der Nasenprobe durch leichtes Kitzeln in der Nase bemerkt werden. Steigt der Gehalt an Schimmelsporen an (500.000–1.000.000/g Futter), so beginnt das Futter bereits zu stauben und das Riechen an der Probe führt zu einem stechenden Gefühl in der Nase bis zu den Stirnhöhlen. Nimmt der Schimmelgehalt noch stärker zu, so sind plattenartige Schimmelnester erkennbar und das Futter hat einen sehr unangenehmen, muffigen Geruch. Reh- und Rotwild ist gegenüber Schimmelsporen sehr empfindlich und mag den muffigen Geruch nicht. Derartiges Futter sollte nicht angeboten werden bzw. von der Futterstelle entfernt werden. Im Rahmen der Geruchsbewertung können 5 Punkte vergeben werden, extreme Heupartien mit muffigem oder fauligem Geruch erhalten sogar 3 Punkte Abzug (siehe ÖAG-Heubewertungstabelle).

Die sensorische Bewertung von Heu und Grummet kann erlernt werden und ist sehr aussagekräftig

Farbe

Eine grünliche Farbe von Trockenfutter sagt aus, dass das Futter bei gutem Wetter bzw. unter Belüftung nach spätestens 3–4 Tagen in das Lager gebracht wurde. Gerüstgetrocknetes Heu bzw. Grummet hat in den inneren Lagen ebenfalls eine schöne grüne Färbung, wenn es auch äußerlich verwittert und bräunlich verfärbt ist. Ein ausgeblichenes Heu weist auf zu lange Feldzeiten (vom Mähen bis zur Einbringung) hin. Bräunlich oder schwärzlich verfärbtes Futter zeigt an, dass eine starke Verpilzung an den Stängeln und Blättern stattgefunden hat. Für die Farbe könne 0–5 Punkte vergeben werden. Grünlich gefärbtes Heu bzw. Grummet mit einem entsprechenden Blattanteil ist von guter Qualität und damit ein Hinweis auf einen Rohproteingehalt von über 12 %. Es zeigt dann auch gute Gehaltswerte an Mengen- und Spurenelementen und Vitaminen, insbesondere an β-Carotin, an.

Gefüge

Durch den Griff mit den Händen, am Stängel-Blatt-Verhältnis sowie am Vorhandensein von zarten Blättern und Blütenständen können das Gefüge und die Struktur einer Heuprobe abgelesen werden. Ein gröberes Gefüge bzw. eine harte Struktur sind im Griff sperrig und auf der Handfläche spießig hart. Derartiges Futter hat einen hohen Rohfasergehalt und wird eher nur vom Rotwild angenommen, während es vom Rehwild verschmäht wird. Ein weiches, blattreiches und mit nur wenigen harten Stängeln durchsetztes Grummet bzw. auch früh geworbenes Heu stellt das ideale Trockenfutter für Rehwild dar. Je sorgfältiger bei der Werbung von Heu bzw. Grummet vorgegangen wird, umso besser wird das Gefüge des Futters sein. Für das Gefüge können 0–7 Punkte vergeben werden.

Verunreinigungen

Wildwiederkäuer sind äußerst empfindlich gegenüber Futtermitteln, welche mit Staub, Pilzsporen und erdigen Beimengungen belastet ist. Bei der Betrachtung einer Futterpartie sollte unbedingt auf Verschmutzung mit Erde, auf erdigen Feinstaub, auf Mistreste sowie auf Sporenstaub geachtet werden. Zu tief gemähte und bearbeitete Futterpartien (unter 5 cm) sowie zu feucht eingebrachtes Trockenfutter weisen diese Verunreinigungen auf. Beim Öffnen eines Heuballens oder der Entnahme vom Heustock kann man den Sporenstaub sehr leicht feststellen, indem man eine Futterprobe aufwirft und die entstehende Staubwolke gegen das Licht betrachtet und einschätzt. Eine geringe bis mittlere Staubentwicklung ist noch zulässig. Bei einer starken Wolkenbildung sollte von einem Kauf bzw. von einer Verfütterung an Wildwiederkäuer Abstand genommen werden. Die Bewertung des Gefüges sieht 0–3 Punkte vor.

Sensorische Bewertung von Silagen

Während Wiesenfutter durch Trocknung (Wassergehalt unter 14 %) zu Heu bzw. Grummet konserviert wird, so kann es mit einer gewissen Anwelkung und einem nachfolgenden, natürlichen und anaeroben Vergärungsprozess über die Ansäuerung mit Milchsäure als Silage konserviert werden. Bei der Herstellung von Silage muss auf einen rechtzeitigen Schnittzeitpunkt (Ähren-/Rispen-Schieben), eine trockene und saubere Ernte und einen Anwelkgrad von 30–40 % T geachtet werden. Bleibt das Futter zu nass (unter 30 % T), so tropft der Gärsaft beim Zusammendrücken des Futters aus der Hand. Hier ist die Gefahr einer unerwünschten Buttersäuregärung groß, und dieses nasse Futter wird auch nur ungern von den Wildwiederkäuern aufgenommen. Eine gute Anwelkung und ein luftfreier Zustand lassen eine gute Milchsäuregärung erwarten. Wird das Futter noch stärker angewelkt (über 50 % T), so entsteht ein Gärheu. Gärheu hat nur geringe Säureanteile und ist dem Trockenfutter ähnlicher als der Silage.

Eine sensorische Beurteilung von Silage zur Überprüfung der Qualität ist wichtig (hier Geruchsprobe)

Heubewertung nach Sinnesprüfung (ÖAG-Schlüssel, 2001)

1. Geruch	Punkte
☐ außerordentlich guter, aromatischer Heugeruch	5
☐ guter, aromatischer Heugeruch	3
☐ fad bis geruchlos	1
☐ schwach muffig, brandig	0
☐ stark muffig (schimmelig) oder faulig	−3
2. Farbe	
☐ einwandfrei, wenig verfärbt	5
☐ verfärbt, ausgeblichen	3
☐ stark ausgeblichen	1
☐ gebräunt bis schwärzlich oder schwach schimmelig	0
3. Gefüge	
☐ blattreich (Klee-, Kräuter- und Grasblätter enthalten, ebenso Knospen und Blütenstände), weich und zart im Griff	7
☐ blattärmer, wenig harte Stängel, etwas hart im Griff	5
☐ sehr blattarm, viele harte Stängel, rau und steif im Griff	2
☐ fast blattlos, viele verholzte Stängel, grob und überständig	0
4. Verunreinigung	
☐ keine (keine Staubentwicklung)	3
☐ mittlere (geringe Staubentwicklung)	1
☐ starke (Erde- bzw. Mistreste)	0

Punkte: ☐☐   **Güteklasse:** ☐   **Wertminderung durch Heubereitung**

Punkte	Güteklasse	Wertminderung
20 bis 16	1 sehr gut bis gut	gering
15 bis 10	2 befriedigend	mittel
9 bis 5	3 mäßig	hoch
4 bis −3	4 verdorben	sehr hoch

Zählt man die Bewertungspunkte vom Geruch, der Farbe, vom Gefüge und der Verschmutzung zusammen, so können −3 bis 20 Punkte erreicht werden. Die Güteklassen 1 bis 4 kategorisieren die Futterqualitäten. Sowohl dem Rotwild als auch dem Rehwild dürfen nur Futterpartien von guter Qualität vorgelegt werden. Mäßige und verdorbene Heu- bzw. Grummetpartien sollten in den Futterkrippen von Wildwiederkäuern nicht zu finden sein.

Silagebewertung nach Sinnesprüfung (ÖAG-Schlüssel, 2001)

1. Geruch	Punkte
☐ frei von Buttersäuregeruch, angenehm säuerlich, aromatisch, fruchtartig, auch deutlich brotartig	14
☐ schwacher oder nur in Spuren vorhandener Buttersäuregeruch (Fingerprobe) oder stark sauer, stechend, wenig aromatisch	10
☐ mäßiger Buttersäuregeruch oder deutlicher, häufig stechender Röstgeruch oder muffig	4
☐ starker Buttersäuregeruch oder Ammoniakgeruch oder fader, nur sehr schwacher Säuregeruch	1
☐ Fäkalgeruch, faulig oder starker Schimmelgeruch, Rottegeruch, kompostähnlich	–3
2. Gefüge	
☐ Gefüge der Blätter und Stängel erhalten	4
☐ Gefüge der Blätter angegriffen	2
☐ Gefüge der Blätter und Stängel stark angegriffen, schmierig, schleimig oder leichte Schimmelbildung oder leichte Verschmutzung	1
☐ Blätter und Stängel verrottet oder starke Verschmutzung	0
3. Farbe	
☐ dem Ausgangsmaterial entsprechende Gärfutterfarbe, bei Gärfutter aus angewelktem Gras, Kleegras usw. auch leichte Bräunung	2
☐ Farbe wenig verändert, leicht gelb bis bräunlich	1
☐ Farbe stark verändert, giftig-grün oder hellgelb entfärbt oder starke Schimmelbildung	0

Die unter 1., 2. und 3. erreichten Punkte werden addiert

Punkte: ☐☐   Güteklasse: ☐   Wertminderung durch Silierung

Punkte	Güteklasse	Wertminderung durch Silierung
20 bis 16	1 sehr gut bis gut	gering
15 bis 10	2 befriedigend	mittel
9 bis 5	3 mäßig	hoch
4 bis –3	4 verdorben	sehr hoch

Zählt man nach der Bewertung die Punkt vom Geruch, dem Gefüge und der Farbe zusammen, so können im besten Fall 20 Punkt erreicht werden. Nasssilagen sollte in der Rot- und Rehwildfütterung nicht eingesetzt werden, da sie nur ungern angenommen werden und im Winter gefrieren. Sehr gut bis befriedigende Anwelksilagen sowie Gärheu können dem Rot- und Rehwild vorgelegt werden. Ergibt die sensorische Bewertung einer Silage weniger als 10 Punkte, so sollte diese weder gekauft noch verfüttert werden.

Geruch

Der Beurteilung des Geruches von Silagen wird eine besondere Bedeutuung zugemessen. Der Geruch von Silagen wird von der Vergärung (Gärsäuren und Abbauprodukte) und vom Pflanzenbestand geprägt. Fehlgerüche können durch Buttersäure (ungut stinkender Silagegeruch), durch Essigsäure (stechender Essiggeruch) und durch einen Geruch nach Ammoniak hervorgerufen werden. Fehlgerüche zeigen eine Fehlgärung der Silage an. Eine optimale Silage zeigt aufgrund der angenehmen Milchsäure einen aromatischen und brotartigen Geruch. Diese natürlich entstandene Milchsäure ist übrigens auch ein seit Langem bekanntes und vielfach verwendetes Konservierungsmittel unserer Lebensmittel.

Um diesen Geruch von Silagen und Gärheu besonders gut wahrnehmen zu können, wird eine kleine Handprobe als Stichprobe vom Futterstock entnommen. Diese Probe wird am Handrücken fest gerieben. Die flüchtigen Fettsäuren zeigen sich aufgrund der höheren Temperaturen deutlich, so dass selbst Spuren geruchsmäßig erfasst werden können. Bei einwandfreien Silagen können über die Geruchsbonitur bis zu 14 Punkte vergeben werden. Bei Fehlgärungen gibt es Abzüge, und es sind auch Zwischenpunkte möglich (siehe Silagebewertung ÖAG-Schlüssel). Mäßige und verdorbene Silagen sollten nicht vorgelegt werden.

Gefüge

Bei der Silage, aber auch beim Gärheu sind das Gefüge und auch die Struktur zumeist blattreicher und weicher. Sind die Blätter durch die Vergärung angegriffen oder ist die Struktur schmierig-schleimig, so sind von maximal 4 zu vergebenden Punkten entsprechende Abzüge zu machen.

Farbe

Sowohl bei Silagen als auch beim Gärheu ist eine olivgrüne Farbe als optimal anzusehen. Bei Nasssilagen wird die Farbe eher dunkelgrün bis schwärzlich, beim Gärheu finden sich eher Verfärbungen wie bei Trockenfutter.

Futterwertzahl

Eine gesamtheitliche Futterbewertung enthält neben einer Erhebung der Futterqualität auch Angaben zu den Nährstoffgehalten. Eine exakte Futtermittelanalyse liefert dazu grundsätzlich die beste Information und wird auch angeraten. Eine Futtermittelanalyse wird jedoch speziell bei kleineren Futterpartien nicht rentabel sein. Wird daher keine Analyse bei der jeweiligen Futterpartie durchgeführt, so kann der Futtergehaltswert über eine Futterwerttabelle (RESCH et al., 2006) abgelesen werden.

Die Futterwertzahl setzt sich aus den Ergebnissen der Bewertungen der Futtergehaltswerte und der Futterqualität zusammen. Mit dieser Futterwertzahl kann der Anwender des Futtermittels eine rasche und genaue Einstufung seiner Futterpartien bereits für eine Kaufentscheidung vornehmen.

Einstufung der Futterwertzahl

Die Punkte aus der Energiebewertung multipliziert mit dem Qualitätsfaktor aus der Futterqualität ergeben die umfassende Futterwertzahl (BUCHGRABER, 1997). Erst die Gesamtpunkte im Futterwert geben umfassend Auskunft über die tatsächliche Qualität eines Grundfutters. Sowohl die Gehaltswerte wie auch die sensorische Futterqualität (Geruch, Farbe, Struktur, Verschmutzung, Futterhygiene) sind in diese Futterwertzahl eingeflossen. Mit den Gesamtpunkten des Futterwertes können verschiedene Futterpartien innerhalb eines Jahres und über mehrere Jahre hinweg einigermaßen verlässlich verglichen werden.

Grundfutterbeurteilung

Beispiele für Nährstoffgehalte verschiedener Grundfuttermittel zur Verfütterung an Wildwiederkäuer

Grassilage

Aufwuchs	Vegetations-stadium	Roh-faser	Roh-protein	Roh-asche	Roh-fett	Energiegehalt in MJ ME/kg T	VOM %	Qualitäts-punkte
				Inhaltsstoffe je kg T				
1.	Ähren-/Rispen-Schieben	250 g	145 g	100 g	29 g	10,1 MJ ME	72	100

Die angeführte Grassilage ist von hoher Qualität, energie- und rohproteinreich und eignet sich bei entsprechend gutem Ergebnis der ÖAG-Sinnenprüfung sehr gut zur Verfütterung an Rehwild.

Heu

Auf-wuchs	Vegetations-stadium	Stängel-Blatt-Verhältnis	Roh-faser	Roh-protein	Roh-asche	Roh-fett	Energiegehalt in MJ ME/kg T	VOM %	Qualitäts-punkte
					Inhaltsstoffe je kg T				
1.	Beginn Blüte	50 : 50	280 g	125 g	105 g	28 g	9,2 MJ ME	67	80

Die angeführte Heuprobe ist vom 1. Aufwuchs, hat ein Stängel-Blatt-Verhältnis von 50 : 50, ist verhältnismäßig rohfaserreich und hat einen geringeren Gehalt an Rohprotein. Das Heu eignet sich daher bei entsprechend gutem Ergebnis der ÖAG-Sinnenprüfung sehr gut zur Verfütterung an Rotwild.

Maissilage mit 20 % Apfeltrester

Aufwuchs	Vegetations-stadium	Roh-faser	Roh-protein	Roh-asche	Roh-fett	Energiegehalt in MJ ME/kg T	VOM %	Qualitäts-punkte
				Inhaltsstoffe je kg T				
–	Teig- bis Gelbreife	220 g	70 g	50 g	26 g	9,6 MJ ME	68	90

VOM: Verdauliche organische Masse

Beispiel Silagebeurteilung
Silage: 3. Aufwuchs, in Plastikfässern siliert
Pflanzenbestand: Kleereicher Bestand mit Rotklee (*Trifolium pratense*), Hornklee (*Lotus corniculatus*), Weißklee (*Trifolium repens*), Englisches Raygras (*Lolium perenne*), Timothe (*Phleum pratense*), Wiesenrispe (*Poa pratensis*), Rotschwingel (*Festuca rubra*)
Vegetationsstadium bei den Gräsern: Ende Ähren-/Rispen-Schieben.

Der Kräuteranteil ist sehr gering, vereinzelt Himbeere (*Rubus idaeus*).
Gräser : Leguminosen : Kräuter = 35 : 60 : 5
Stängel : Blätter = 40 : 60

Inhaltsstoffe (Schätzung):
Trockenmasse	30 %
Rohfaser	25 % (deutet speziell im 1. Aufwuchs auf zu späte Mahd hin)
Verdaulichkeit OM	70 % (Zielwert > 70 %)
Rohprotein	17 % (Zielwert > 14 %)
Rohfett	2,5 %
Rohasche	11 % (bereits leichte Verschmutzung)
Energiegehalt	9,7 MJ ME/kg TM ⇨ 88 Punkte (Zielwert 10,2 oder 100 Punkte)
Qualitätspunkte	88

ÖAG-Sinnenprüfung:
Geruch: süßlich, leichte Milchsäure, Buttersäure in Spuren ⇨ 12 Punkte
Farbe: noch viele grüne Pflanzenteile bei den Gräsern (Hinweis auf tiefe Temperatur bei der Silierung bzw. Herbstsilage) ⇨ 1 Punkt
Gefüge: teils grobe Stängel vom Rotklee ⇨ 3 Punkte
Punktesumme – 16 Punkte von 20 möglichen ⇨ **Qualitätsfaktor 0,83**
88 Punkte aus ME x Qualitätsfaktor 0,83 ⇨ **Futterwertzahl 73**

Der sehr blattreichen Silage wurde Kraftfutter in einem Anteil von etwa 10 % hinzugefügt. Der Geruch ist aufgrund der Kraftfutterbeimengung süßlich mit geringem Säureanteil. Die grüne Farbe der Gräser weist auf eine unzureichende Milchsäuregärung hin (Konservierung unter tiefen Temperaturen – Herbstsilage). Die Silage ist für die Verfütterung an Rehwild gut geeignet, dem Rotwild sollte dazu noch strukturiertes Heu zugefüttert werden.

Beispiel Heubeurteilung

Grummet: 2. Aufwuchs, Wildheu

Pflanzenbestand: Kleereicher Bestand, Hornklee (*Lotus corniculatus*), Weißklee (*Trifolium repens*), Rotklee (*Trifolium pratense*), Englisches Raygras (*Lolium perenne*), Timothe (*Phleum pratense*), Wiesenrispe (*Poa pratensis*), Rotschwingel (*Festuca rubra*), Wiesen-Knäuelgras (*Dactylis glomerata*). Vegetationsstadium bei den Gräsern: Ähren-/Rispen-Schieben.

Der Kräuteranteil ist sehr gering, vereinzelt Scharfer Hahnenfuß (*Ranunculus acris*), aber hoher Kleeanteil.
Gräser : Kräuter : Leguminosen : = 35 : 5 : 60
Stängel : Blätter = 20 : 80

Inhaltsstoffe (Schätzung):

Trockenmasse	86 %
Rohfaser	23 %
Verdaulichkeit OM	73 % (Zielwert > 70 %)
Rohprotein	18 % (Zielwert > 14 %)
Rohfett	2,5 %
Rohasche	10 % (ist in Ordnung)
Energiegehalt	10,2 MJ ME/kg TM ⇨ 100 Punkte (Zielwert 10,2 oder 100 Punkte)
Qualitätspunkte	100

ÖAG-Sinnenprüfung:

Geruch: minimale Schimmelbildung ⇨ 3 Punkte
Farbe ⇨ 5 Punkte
Gefüge ⇨ 7 Punkte
Verunreinigung ⇨ 3 Punkte
Punktesumme – 18 Punkte von 20 möglichen ⇨ Qualitätsfaktor 1,0
100 Punkte aus NEL x Qualitätsfaktor 1,0 ⇨ **Futterwertzahl 100**

Sehr blattreiches, proteinreiches und hygienisch einwandfreies Grummet. Für die Verfütterung an Rehe ideal geeignet, weniger für Rotwild, da sehr proteinreich.

Praktische Rationsbeispiele

Zur genauen Kalkulation einer vorgelegten Ration – im Optimalfall geschieht das durch eine exakte Rationsberechnung – sind neben entsprechenden Angaben zu den Gehaltswerten der eingesetzten Futtermittel (vorzugsweise Ergebnisse von Futtermitteluntersuchungen, evtl. auch Tabellenwerte) auch Bedarfszahlen für die jeweilige Wildtierart notwendig.

In der Literatur sind sowohl diese Bedarfszahlen als auch Ergebnisse zu den Futteraufnahmen aus verschiedensten Fütterungsversuchen, Erhebungen und Rationsbeispielen zu finden. Generelle Aussagen über den Bedarf von Rot- und Rehwild sind hier zwar als grobe Richtschnur anzusehen, sie sind aber insgesamt in der Praxis nur begrenzt hilfreich. Die Aufnahme des angebotenen Futters ist u. a. abhängig vom Ausmaß der Nutzung der natürlichen Äsung. Ranghöhere Stücke nehmen an der Fütterung mehr auf als rangniedere, und auch die Möglichkeit bzw. Fähigkeit zur Futterselektion relativiert die rechnerischen Größen aus einer Rationsberechnung. Die in der Literatur stark variierenden Angaben bzgl. der Bedarfswerte und der Futteraufnahmen können dadurch erklärt werden, doch leider werden bei diesen Literaturangaben die jeweiligen Rahmenbedingungen, unter welchen die Erkenntnisse gewonnen wurden, nicht immer ausreichend angeführt. Die Übertragbarkeit von wissenschaftlichen Ergebnissen auf Praxisbedingungen ist daher nur bedingt gegeben. Für die Fütterungspraxis ist es deshalb notwendig, auch die regionalen und natürlichen Gegebenheiten des jeweiligen Fütterungsstandortes, die sehr stark variieren, zu berücksichtigen.

Der Nährstoffbedarf von Rot- und Rehwild ist während der Fütterungsperiode nicht gleichbleibend, sondern er verändert sich relativ stark. Dem physiologischen Bedürfnis von Wildtieren kommt man deshalb mit einer Phasenfütterung am nächsten. Dabei sind die drei Phasen Spätherbst bis Winter-Sonnenwende,

Winter-Sonnenwende bis Tag-Nacht-Gleiche und die dritte Phase ab der Tag-Nacht-Gleiche im Frühjahr zu unterscheiden. Diese Einteilung ist nicht zufällig gewählt, sondern stellt einen Einklang zwischen den sich ändernden Lichtverhältnissen und dem damit zusammenhängenden, hormonell gesteuerten Stoffwechsel, der letztlich auch den Bedarf bestimmt, dar. Unter ungünstigen Lichtbedingungen (lange Nacht, kurzer Tag) wird der Stoffwechsel über das nun vermehrt produzierte Hormon Melatonin („Schlafhormon") herabgesetzt.

Zu Beginn der Fütterungsperiode ist aufgrund eines erhöhten Bedarfes eine energiereichere Versorgung zum Aufbau der wichtigen Feistdepots anzustreben. In der zweiten Phase (Jänner – Februar) soll die Versorgung vorwiegend über Grundfuttermittel abgedeckt werden, wodurch auf die natürliche Drosselung des Stoffwechsels der Wildtiere reagiert wird. In der dritten Phase sollte sich die vorgelegte Ration wieder der Zusammensetzung nähern, wie sie in der ersten Phase bestanden hat.

Das physiologische Bedürfnis wird aber auch überlagert durch unterschiedliche Gegebenheiten des Lebensraumes. Auch die von Revier zu Revier unterschiedlichen Ziele hinsichtlich der Lenkung des Wildes, v. a. des Rotwildes, beeinflussen die einzelnen Fütterungsmaßnahmen.

Umstellungen der Futtervorlage dürfen nicht schlagartig durchgeführt werden, denn die Pansenlebewesen benötigen 14–21 Tage Zeit, um sich an neue Rationsverhältnisse anzupassen. Deshalb sollen auch Rationsveränderungen behutsam und dosiert, also innerhalb von 14–21 Tagen, vorgenommen werden. Auch beim Rehwild sollte, falls man sich für eine Herbstmastsimulation entscheidet, eine dreiphasige Fütterung angestrebt werden.

Bedarfswerte zur täglichen Energie- und Nährstoffversorgung von Rotwild während der Winterperiode *(n. KAMPHUES et al., 2004)*

	Körpermasse (KM) kg	Futteraufnahme (T) in % der KM	ME MJ	Rohprotein g	Ca g	P g
Kälber	40–60	2,5–3	10,5–12,0	120–140	10	6
Schmaltiere*	70–80	2,5–3	12,5–14,5	150–170	9	5
Alttiere*	90–110	2,5–3	14,0–17,0	170–190	11	6
Hirsche	120–180	2	18,5–24,0	140–180	8	4

* trächtig

Die Trockenmasseaufnahme liegt bei Annahme eines entsprechend strukturierten Rotwildbestandes durchschnittlich bei 2–4 kg pro Stück, wobei schwere Stücke bis zu 7 kg Trockenmasse aufnehmen können.

Fütterung Rehwild, Aufnahme Trockenmasse

Tagesbedarf für Rehwild (25 kg Lebendgewicht)	
Rohprotein g	105–110
Rohfaser g	90
Energie (MJ ME)	11–12
Kalzium g	12
Phosphor g	7
Magnesium g	3
Natrium g	1–2

Die Trockenmasseaufnahme liegt bei Annahme eines entsprechend strukturierten Rehwildwildbestandes durchschnittlich bei 0,4–0,8 kg pro Stück.

Verbreitete Rationen beim Rotwild

	Heurationen	Heu- und Grassilage-rationen	Heu- und Maissilage-rationen	Heu- und Kraftfutter-rationen
Phase I (Spätherbst – Vorwinter)	blattreiches und nährstoffangepasstes Heu bzw. Grummet	gute nährstoffreiche Grassilage (60 %) und rohfaserreiches Heu (40 %)	gute Maissilage (40 %) und rohfaserreiches Heu (60 %)	rohfaserreiches Heu + 3–5 kg Getreide* pro 10 Stück
Phase II (Winter)	rohfaserreiches Heu (1. Aufwuchs) zur Blüte geerntet	rohfaserreiches Heu (80 %) und nährstoffreiche, gut angewelkte Grassilage (20 %)	rohfaserreiches Heu (80 %) und Maissilage (20 %)	rohfaserreiches Heu zur Blüte geerntet + 2–3 kg Getreide* pro 10 Stück
Phase III (Spätwinter – Frühjahr)	blattreiches und nährstoffangepasstes Heu bzw. Grummet	rohfaserreiches Heu (60 %) und nährstoffreiche, gut angewelkte Grassilage (40 %)	rohfaserreiches Heu (60 %) und Maissilage (40 %)	rohfaserreiches Heu + 3–5 kg Getreide* pro 10 Stück

bzw. pelletiertes Kraftfutter

Die angeführten Rationen werden in der Praxis teilweise mit den verschiedensten Futtermittelkomponenten (siehe auch Tabelle „Eignung als Hauptfuttermittel") ergänzt. Eine vollständige Auflistung aller möglichen Rationen ist an dieser Stelle nicht möglich und auch nicht sinnvoll. Ergänzungen sind jedoch immer unter Bedachtnahme der Wiederkäuergerechtigkeit vorzunehmen und ein ausgewogenes Verhältnis zwischen energie- und eiweißbetonten Futtermitteln muss in jedem Fall berücksichtigt werden.

Verbreitete Rationen beim Rehwild

	Heurationen	Heu- und Grassilage-rationen	Heu- und Maissilage-rationen	Heu- und Kraftfutter-rationen
Phase I–III	bestes, blattreiches und nährstoffreiches Heu bzw. Grummet	blattreiches Heu bzw. Grummet (50 %) und beste Grassilage, gut angewelkt (50 %)	blattreiches Heu bzw. Grummet (60 %) und Maissilage (40 %)	blattreiches Heu bzw. Grummet + 2–3 kg Getreide* pro 10 Stück

bzw. pelletiertes Kraftfutter

In Phase II empfiehlt sich auch beim Rehwild eine Reduktion der Gaben von Ergänzungsfuttermitteln zugunsten der empfohlenen Hauptfuttermittel. Die separierte Vorlage von Kraftfutter an Rehwild ist problematisch, da einzelne dominante Stücke in zu kurzer Zeit zuviel Kraftfutter aufnehmen können und damit die Gefahr der Pansenübersäuerung gegeben ist.

Praktische Rationsbeispiele

Eignung als Hauptfuttermittel für Reh- und Rotwild

Futtermittel	Eigenschaften	für Rehwild ...	für Rotwild ...
Heu 1. Schnitt	rohfaserreich	wenig geeignet	empfohlen
Heu 2. Schnitt u. später	leichter verdaulich	empfohlen	empfohlen im Frühjahr
Luzerneheu	rohfaserreich und eiweißreich	empfohlen, wenn blattreich	geeignet
Kleeheu	eiweißreich	empfohlen	geeignet
Grassilage 1. Schnitt	rohfaserreicher	wenig geeignet	empfohlen
Grassilage 2. Schnitt und später	eiweißreich und leicht verdaulich	geeignet	geeignet
Ganzpflanzen-Maissilagen	ergiereich und rohfaserbetonter	wenig geeignet	geeignet
Körnermais-Silage	sehr energiereich und rohfaserarm	geeignet	wenig geeignet
Rüben	wasserreich, energiereich und rohfaserarm	wenig geeignet	geeignet
Kartoffel	wasserreich und eiweiß- und rohfaserarm	nicht geeignet	nicht geeignet
Körnermais	sehr energiereich und rohfaserarm	nicht geeignet	nicht geeignet
Gerste, Weizen, Tritikale und Hafer	sehr energiereich und rohfaserarm	nicht geeignet	nicht geeignet
Hafer in Spelze	energiereich und rohfaserbetonter	geeignet	wenig geeignet
Futterbohnen und Erbsen	sehr eiweißreich und rohfaserarm	nicht geeignet	nicht geeignet
Extraktionsschrote (Soja, Raps, Sesam)	sehr eiweißreich und rohfaserarm	nicht geeignet	nicht geeignet
Apfeltrester	energiereich u. eiweißarm	wenig geeignet	wenig geeignet
Biertreber u. Schlempen (ungetrocknet)	eiweißreich und rohfaserarm	wenig geeignet	wenig geeignet

Aus ernährungsphysiologischer Sicht kann Reh- und Rotwild nur mit Heu bzw. Grummet von entsprechender Qualität das Auslangen finden. In der Fütterungspraxis finden sich jedoch aus verschiedenen Gründen (Lenkungs- und Lockfunktion, Erhöhung der Futteraufnahmen, Verbesserung der Trophäenqualität) sehr viele Kombinationen aus Futtermitteln und Rationsmöglichkeiten. Nicht alle Futtermittel eignen sich gleich gut als Hauptfuttermittel für Reh- bzw. Rotwild. Das Hauptfutter stellt mengenmäßig (Trockenmasse) den Hauptbestandteil, also die Grundlage einer Ration dar. Futtermittel, welche als Hauptfuttermittel wenig oder nicht geeignet sind, können jedoch, wenn sie mit anderen Futtermitteln kombiniert werden, sehr wohl auch als wesentlicher Bestandteil einer Futterration geeignet sein. So ist z. B. eine Kombination aus Apfeltrester und Hafer in Spelze zur Verfütterung an Rehwild besser geeignet als die Verfütterung von Apfeltrester als Hauptfuttermittel, die Vorlage von strukturwirksamem Heu bzw. Grummet oder ausreichender natürlicher Beiäsung ohne Wildschadenspotenzial jedoch immer vorausgesetzt.

Ergänzungsfuttermittel oder Mineralfuttermittel mit Salz

Wie viel Salz benötigt Wild?

Die Frage der Notwendigkeit der Vorlage von Salz an Wildwiederkäuer, ob als Bergkern oder mineralisierten Leckstein, in diversen Sulzen angeboten, liefert seit Urgroßvaters Zeiten Diskussionsstoff. Obwohl Pflanzenfresser mit ihren Salzvorräten gut haushalten können, sind Salzvorlagen im Frühjahr und Herbst anzuraten. Im Winter können Salzgaben Verbissschäden provozieren.

Mineralstoffe werden für den Stoffwechsel genauso benötigt wie organische Äsungskomponenten. Die meist in wasserlöslicher Form aufgenommenen Mineralien, wie z. B. die Mengenelemente Kalzium, Phosphor, Natrium, Kalium, Chlor, Magnesium oder die Spurenelemente (Selen, Eisen, Jod usw.) werden entweder direkt in Gewebe eingebaut, bilden einen Bestandteil von Stoffwechselprodukten oder spielen eine Rolle in der Regulierung des osmotischen Druckes und Säuregrades von Körperflüssigkeiten. Mineralstoffe haben also eine essentielle Bedeutung im Körper. Über den Blutweg gelangen sie in alle Zellen und wirken entweder alleine oder als Teil körpereigener Wirkstoffe (z. B. Hormone).

Kochsalz (Natriumchlorid) besteht aus den Elementen Natrium und Chlor. Natrium kommt im Körper besonders im Speichel (Pufferfunktion!), Blutserum und in der Muskulatur vor, wo Natrium am Ablauf der Muskelbewegungen beteiligt ist. Chlor kommt im Blut vor und ist notwendig bei der Verdauung im Magen (Labmagen beim Wiederkäuer), wo es einen Bestandteil der Salzsäure bildet. Im Stoffwechsel ist Chlor ein Begleiter von Natrium und Kalium. Da die Äsung und die Futtermittel unserer Wild- und Haustiere ausreichend Chlor enthalten, sind bisher keine Mangelerscheinungen bekannt, ein Natriummangel ist aber möglich.

Ein Natriummangel senkt nach BUBENIK (1984) die Eiweiß- und Energieverwertung und wirkt sich negativ auf die Fruchtbarkeit aus. Weiters sind bei

Wie viel Salz benötigt Wild?

Wildtieren Wachstum, Milchproduktion sowie Milchfettgehalt vermindert (MISSBACH, 1993). Der Natriumbedarf steigt stark während des Haarwechsels und der Milchbildung – Wiederkäuer können nach BUBENIK (1984) aber wegen des guten Haushaltes mit Natrium monatelang ohne größere Natrium-Zufuhr auskommen.

Da in Pflanzen 4- bis 80-mal mehr Kalium als Natrium enthalten ist, müssen Wiederkäuer täglich große Kaliummengen ausscheiden und diese durch Natrium ersetzen. Falls täglich Natrium zur Verfügung steht, können sie „salzsüchtig" werden und den Überschuss nur durch größere Wasseraufnahmen ausscheiden. Dies kann im Winter zu unnötigen Verbissschäden führen, die immer wieder in der Nähe von Sulzen zu beobachten sind. Deshalb sollten Salzlecken günstigenfalls nur von Mai bis Juli sowie im September/Oktober angeboten werden.

Zur Anlage von Sulzen gibt es verschiedenste Ideen

Gegenüber einem Natrium-Überschuss sind Wildwiederkäuer weitgehend unempfindlich. Sehr empfindlich reagieren jedoch Wildschweine, die bei Kochsalzvergiftungen zentralnervale Störungen zeigen. In Versuchen in freier Wildbahn wurden von ÜCKERMANN (1986) eine tägliche Salzaufnahme je Stück Rehwild von ca. 1 g und je Stück Rotwild von rund 3 g ermittelt.

Salz wird entweder als Bergkern oder in Form von Steinen oder Schüsseln bzw. lose mit Mineralstoffbeigaben vorgelegt. Bei mineralisierten Salzlecken ist die Akzeptanz sehr unterschiedlich, zudem ist ihr Kupfergehalt bei der Vorlage an Muffel- oder Rehwild zu berücksichtigen, bei denen es zu Kupfervergiftungen kommen kann.

Trotz des Salzhungers unseres Wildes sollten Sulzen nicht als weitere Form der Kirrung Verwendung finden. Ebenso sind Sulzen während Seuchenzügen (z. B. Moderhinke, Gamsblindheit, Räude) zu entfernen, um nicht über die Konzentration des Wildes an den Salzlecken die Übertragungsmöglichkeiten weiter zu erhöhen.

Ergänzungsfuttermittel oder Mineralfuttermittel mit Salz

Als Ersatz für den Bergkern werden hin und wieder auch Ergänzungs- oder Mineralfuttermittel vorgelegt. Bei diesen Futtermitteln ist einerseits zu beachten, dass sie normalerweise dafür vorgesehen sind, in sehr geringen Prozentsätzen (rund 1–2,5 %) in andere Futtermittel eingemischt zu werden, und daher die Gefahr beispielsweise einer Vitamin-A oder -D-Überversorgung oder sogar -Vergiftung gegeben ist, und andererseits durch weitere Futtermittelkomponenten (wie Melasse, Haferflocken, Mais, Weizenkleie) eine zusätzliche Lockwirkung besteht und eine solche Vorlage damit unter den Begriff „Kirrung" fällt. In den meisten Ländern ist auch eine Rotwildfütterung außerhalb von genehmigten Fütterungsstandorten verboten.

Hygiene ist mehr als Sauberkeit

Kein verdorbenes Futter verfüttern!

Futtermittel- und Fütterungshygiene

Falsche Futtermittellagerung, ein übertriebener Sparwille in der Futtermittelbeschaffung oder die Verwendung von für Wildwiederkäuer überhaupt ungeeigneten Futtermitteln kann zu Gesundheitsschäden bei gefüttertem Wild, zu Verendensfällen, und zu einer negativen Beeinflussung der Wildbretqualität führen. Dem „Lebensmittelunternehmer" Jäger ist es gesetzlich verboten, verdorbene Futtermittel zu verfüttern.

Hygiene ist mehr als Sauberkeit

Für „Hygiene" existieren einige Definitionen. In Pschyrembel's Klinischem Wörterbuch wird sie aus humanmedizinischer Sicht wie folgt definiert:
„Vorbeugende Maßnahmen für die Gesunderhaltung einzelner Menschen und von Gruppen, um körperliche Erkrankungen sowie geistige, seelische und soziale Störungen fernzuhalten und darüber hinaus Menschen und Gesellschaften so widerstandsfähig wie möglich gegen Erkrankungen und Störungen zu machen."

Nach einer weiteren Definition versteht man unter dem Wort Hygiene (griech.)
„die Wissenschaft von der Gesundheit des Organismus; sie studiert die Wechselwirkung zwischen der Umwelt und dem Organismus".
Der Hygienebegriff wurde später erweitert. So findet man ihn in Betriebshygiene, Tierhygiene, (Wild-)Fleischhygiene, Fütterungshygiene, Umwelthygiene, Mundhygiene, Monatshygiene usw. bis hin zum verwerflichen Missbrauch im Begriff „Rassenhygiene".

Futtermittel- und Fütterungshygiene

*Hygiene am Futterplatz beugt Infektionskrankheiten und Parasitosen vor (links)
„Frühjahrsputz" im Fütterungsbereich mit Umbruch und Neueinsaat (rechts)*

Silofolien, Netze und Ballenschnüre können nach Aufnahme einen Darmverschluss provozieren

Aus den Definitionen lässt sich bereits einiges für die Begriffe „Futtermittel-, Fütterungs- und Revierhygiene" ableiten. Die Schaffung und Erhaltung gesunder und widerstandsfähiger Wildtiere und Wildtierbestände – eine Kernaufgabe der Jagd – ist mit großer Verantwortung verbunden, denn allzu leicht können (unbewusst) falsche jagdliche Maßnahmen Gegenteiliges bewirken. Beispielsweise können quantitativ und örtlich falsch gesetzte Ablenkfütterungen und Kirrungen in der Bejagung von Schwarzwild Auslöser erhöhter Fruchtbarkeit bei Bachen sein, was in ungewollten weiteren Erhöhungen der Schwarzwildbestände mündet.

Fütterungsfehler bei Wildwiederkäuern führen zu akuten und chronischen Erkrankungen des Verdauungstraktes und häufigen Verendensfällen, genauso wie einseitig auf einzelne Niederwildarten ausgerichtete Hegebemühungen andere freilebende Tierarten zu gefährden vermögen.

Kein verdorbenes Futter verfüttern!

Verpilztes oder verschmutztes Futter gehört nicht in den Futtertrog. Der Grad der Verschmutzung mit Schmutz, Staub und Schadnagerexkrementen, der Befall mit Vorratsschädlingen wie Motten, Käfern, Milben und ihren Exkrementen und der Besatz mit Pilzen sowie deren Stoffwechselprodukten (Mykotoxine) und Bakterien geben Aufschluss über die Futterqualität (DLG, 1998). Daraus versteht sich schon von selbst, dass z. B. Druschabfälle, Ausputzgetreide oder „Material", das bei der Reinigung von Trocknungsanlagen, Futtermittellagern usw. anfällt, keine geeigneten Wildfuttermittel darstellen.

Allgemein sind Maiskolben von Wildwinteräckern bzw. von diesen Äckern geerntete und in der folgenden Fütterungsperiode verfütterte Kolben sowie Ernte- oder Druschrückstände und Ausputzgetreide usw. wegen ihrer Verschmutzung, Verpilzung und Verkeimung nicht als geeignetes Wildfutter anzusehen und können für Wild gesundheitsschädlich sein oder sogar zu Verendensfällen führen.

Auch Tröge und Futtertische (rechts aufgestellt) können gekalkt werden

Ursachen für Verderb

Die Ursachen für einen Verderb sind vielseitig. Bei ungünstigen Wachstums- und Erntebedingungen findet schon am Acker ein Befall mit Feldpilzen (Fusarien) und Mutterkorn statt. Bei falscher Lagerung entstehen Qualitätsverluste häufig durch Lagerpilze. Ungeeignete Silostandorte (extreme Temperaturschwankungen z. B. durch direkte Sonneneinstrahlung), unge- nügende Sauberkeit vor der Neubefüllung der Getreidesilos, zu hohe Einlagerungsfeuchte, mangelhafte oder fehlende Belüftung der Getreidekörner und unzureichender Schutz vor Schädlingen führen zu hygienischen Mängeln. Nicht entfernte Futterreste oder schlecht gereinigte Futterautomaten und Futtertröge sind weitere Ursachen.

Folgen mangelhafter Hygiene

Mangelhafte Futterhygiene hat zahlreiche Folgen, wie Verminderung des Nährwertes und der Schmackhaftigkeit des Futters, Erhöhung der Nährstoffverluste durch Erwärmung des Futters, Rückgang der Futteraufnahme bis hin zur Futterverweigerung, Leistungseinbußen und Gesundheitsschäden, Erhöhung des Erkrankungsrisikos sowie eine mögliche Beeinträchtigung tierischer Produkte.

Rieselfähigkeit sowie Klumpenbildung im Futter, Erwärmung und ungewöhnliche Geruchsbildung sind Warnhinweise für den einsetzenden Futtermittelverderb. Hefen produzieren einen brotartigen und Bakterien einen säuerlichen Geruch. Pilze durchsetzen das Futter mit einem muffigen Geruch.

Auslöser für den Futterverderb sind auch Milben, Motten und andere Vorratsschädlinge im Futter. Sie schaffen für die Pilz- und Bakterienbesiedelung günstige Lebensbedingungen, indem sie den Feuchtigkeitsgehalt des Futters erhöhen. Feuchtigkeit wird durch den Abbau von Getreidestärke verursacht. Zwischen Schädlingsbefall und mikrobiellem Verderb besteht somit ein enger Zusammenhang. Die Gefahr, dass Futter verdirbt, ist abhängig von der Lagertemperatur, dem Feuchtigkeitsgehalt des Futtermittels, der Ausgangsbelastung mit Keimen und Schädlingen sowie vom Nährstoffangebot für die Schadorganismen.

Futtermittel- und Fütterungshygiene

Verdorbenes oder schimmeliges Futter stellt ein Nährmedium für Krankheitserreger dar (z. B. Salmonellen, Clostridien und Staphylokokken). Aussehen, Geruch und die Beschaffenheit des Futters geben Aufschluss über die Futtermittelqualität bzw. über den Frischezustand. Auch in Trockenfutter können Verderbniserreger wie Bacilluskeime, Staphylokokken und vor allem Streptomyceten zum Verhängnis werden.

Für Futtermitteluntersuchungen existieren Grenz-, Richt- oder Orientierungswerte für Bakterien- und Pilzzahlen sowie Mykotoxingehalte in verschiedenen Futtermitteln.

Extrembeispiel eines Futtermittelverderbs

Auch Zukauffuttermittel können leicht verderben, z.B. durch Schimmelbefall

Bei verschimmeltem Grundfutter geht der Verderb weit über die Schimmelnester hinaus

Schon mit freiem Auge ist beim Hafer links eine hochgradige Verpilzung zu vermuten

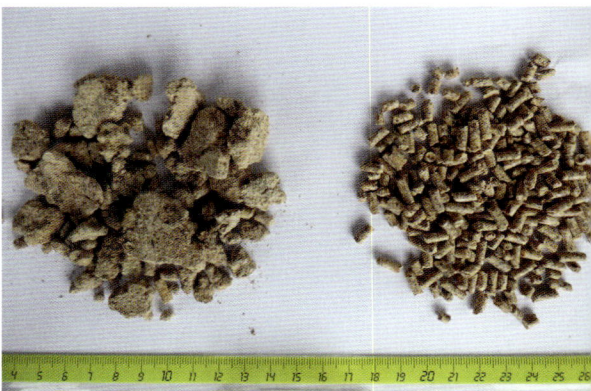
Hoch- und geringgradig verdorbene Pellets nach Feuchtwerden

Das Gegenteil von „gut" ist „mit guter Absicht"

Grundsätze der Fütterung

Die häufigsten Fütterungs- und Futterfehler

Das Gegenteil von „gut" ist „mit guter Absicht"

Fütterungs- und Futterfehler zählen nach wie vor zu den häufigsten Verendensursachen bei Rehen im Winter. Eine noch so gut gemeinte Fütterung von Wildwiederkäuern kann, wenn man die Besonderheiten der Wiederkäuerverdauung nicht berücksichtigt (= Fütterungsfehler) oder verdorbenes Futter (= Futterfehler) vorlegt, mehr Schaden anrichten als nützen.

Die häufigsten Fütterungs- bzw. Futterfehler und deren Konsequenzen sind:

- Pansenübersäuerung (Pansenazidose)
- Überversorgung mit Eiweiß und Energie
- unregelmäßiges Füttern (zwischenzeitig leere Fütterung)
- Schädigungen der Pansenflora nach abrupten Futterwechseln
- Pansenfäulnis (Pansenalkalose)
- fütterungshygienische Mängel (z. B. Bodenvorlage von Futtermitteln)
- Mykotoxikosen oder Organmykosen (verpilztes/verschimmeltes Futter)

Die häufigsten Fütterungs- und Futterfehler

Abrupte Futterwechsel führen zu massiven Störungen der Pansenmikroben, da diese rund 3 Wochen benötigen, um sich in ihrer Zusammensetzung auf neue Futtermittelrationen einzustellen. Pansenzotten adaptieren sich überhaupt erst nach 5–6 Wochen. Nach Einatmen vom Staub stark verpilzter, trockener, gemahlener Futtermittel können bis faustgroße „Pilzknoten" (Lungenmykosen) entstehen. Saftfutter kann besonders in milden Wintern innerhalb von zwei Tagen verderben und nach Aufnahme zu schweren Verdauungsstörungen führen.

Häufige Fehler sind auch die Überversorgung mit Energie und besonders mit Eiweiß sowie eine unregelmäßige Futtervorlage, bei der die Fütterung zwischendurch leer bleibt. Sowohl bei der Häufung von fütterungsbedingten Ausfällen, als auch bei unregelmäßiger Fütterung ist das Weiterbetreiben der Fütterung zu hinterfragen. Ebenso zu überdenken ist eine Fütterung, wenn trotz der Vorlage großer Futtermengen die körperliche Entwicklung des Wildes schlecht ist.

Fütterungsbedingte Stoffwechselstörungen (wie Leberschaden infolge Eiweißüberversorgung) sind manchmal auch aus der Geweihentwicklung zu vermuten

In letzter Zeit gibt es deutliche Hinweise, dass Fütterungsfehler durch die Beeinträchtigung des Immunsystems und der Darmschleimhaut den Parasitendruck und die Infektionsanfälligkeit (z. B. Paratuberkulose, Clostridiosen, *E. coli*-Infektionen) erhöhen können und dass weiters aus solchen Fehlern auch schwere Nierenveränderungen resultieren. Auf fütterungsbedingte Erkrankungen und im Fütterungsbereich übertragbare Infektionskrankheiten wird in eigenen Kapiteln näher eingegangen.

Weiche Losung im Winterhalbjahr deutet auf Fütterungsfehler hin (links)
Fütterungsbedingtes Fallwild ist manchmal sogar unmittelbar bei der Fütterung zu finden (rechts)

Grundsätze der Fütterung

Wenn Rehe gefüttert werden, sollten folgende Grundsätze eingehalten werden:

- regelmäßig, ausgewogen, zeitlich richtig (Beachtung des reduzierten Nährstoffbedarfes im Jänner/Februar, da sonst die natürliche „Ruhephase" nicht eingehalten und dem Wild bessere Umweltbedingungen vorgetäuscht werden, als sie gegeben sind)
- keine zu großen Wildkonzentrationen, richtiger Fütterungsstandort (mit ausreichendem Überblick, damit sich das Wild sicher fühlt, z. B. in einem Altholzbestand nahe von Einständen)
- keine Futtervorlage am Boden (Übertragung von Parasitosen und Infektionskrankheiten wie Para- oder Pseudotuberkulose) vor allem in frostfreien Zeiträumen
- geeignete wiederkäuergerechte Futtermittel [keine alleinige Fütterung leicht verdaulicher Kohlenhydrate wie Getreide(schrot) oder Mais(bruch) > Gefahr der Pansenübersäuerung]
- Beachtung und Beobachtung der Futterqualität, sofortiges Entfernen verdorbener Futtermittel (z. B. bei Schimmelbefall)
- keine abrupten Futtermittelwechsel (ideal wäre eine möglichst gleich bleibende Ration, sonst mindestens 3 Wochen Übergangszeit)
- Anpassung des Abschusses an das Fütterungsregime
- Ruhe in den Einständen und Verminderung bis Vermeidung des Jagddruckes in der Fütterungszeit
- Die Arzneimittelanwendung (z. B. Entwurmungsmittel) ist bei frei lebenden Wildtieren in Österreich seit Februar 2003 verboten!

Rehe haben keinen einhöhligen Schweinemagen, sondern sind Wiederkäuer – Fallwild ist bei dieser Futtervorlage vorprogrammiert!

Fallwilduntersuchung auf Fütterungsfehler

Fallwildursachen

Orientierende Fallwilduntersuchung durch den Jäger

Übersicht zu möglichen Fütterungsfehlern

In Zeiten regelrechter „Jagdbewirtschaftung" wird Fallwild auch als wirtschaftlicher Schaden gesehen. Sind wir überhaupt noch gewohnt, Fallwild zuzulassen? Fallwildverluste gehören zum natürlichen Ausleseprozess. Die Ursache von Fallwild sollte nur nicht eine falsche Fütterung sein.

Definitionsgemäß ist Fallwild
„Wild, das infolge von Unglücksfällen, Krankheit, Hunger und Kälte getötet wird bzw. verendet, auch das krankgeschossene Wild, das nicht innerhalb kurzer Zeit nach dem Schuss zur Strecke gebracht oder nicht frisch verendet aufgefunden wird".

STUBBE u. PASSARGE (1979) trennen das Unfallwild von durch innere Krankheiten bzw. schlechte Konstitution bedingtem Fallwild und geben für ostdeutsche Verhältnisse eine kritische Grenze bei einer Fallwildquote von 0,3–0,4 Rehen pro 100 ha an. Ein Überschreiten dieser Grenze sei Ausdruck eines drohenden Qualitätsverlustes und verlange erhöhten Abschuss. Diese Autoren führen auch erhebliche ökonomische Einbußen bei Fallwildquoten von über 0,5 Stück pro 100 ha an.

Fallwildursachen

In der Erhebung der Fallwildursachen haben wir mit zwei Unbekannten zu rechnen. Die erste Unbekannte ist die tatsächliche Fallwildquote, und die zweite sind jene Stücke, bei denen aufgrund des fortgeschrittenen Verwesungsstadiums eine Ermittlung der Ursache nicht mehr möglich ist. Hohe Wilddichten erzeugen nicht nur höheren innerartlichen Stress, sondern steigern auch das Infektionsrisiko und können zur Übernutzung von (Winter-) Lebensräumen führen.

Unsere hegerischen Gedanken beschäftigen sich meist nur mit dem Thema „Winterfallwild". Dabei lassen wir hohe Fallwildverluste, wie sie alljährlich unter Jungwild gegeben sind, außer Acht. Die Dunkelziffer an Jungwildverlusten ist noch wesentlich höher als an erwachsenen Stücken, da verendetes Jungwild schon wegen der geringen Körpermasse und geringeren Mineralisierung des Skelettes noch viel rascher von Füchsen aufgenommen oder von Fliegenmaden aufgefressen wird oder verwest und Reste in der hohen Vegetation verschwinden. Für Rehwild im Schweizer Mittelland gibt KURT (1968) eine natürliche Kitzmortalität (= Sterblichkeit) von etwa 65 % zwischen Setzzeit und November an. Hauptursachen sind Fuchsrisse und Unterkühlung. Bei Rehwild werden hohe Winterverluste meist im Folgejahr schon wieder ausgeglichen.

In solchen Fällen sind Fütterungsfehler nicht mehr zu bestätigen, im Nahbereich der Fütterung aber zu vermuten

Fallwild und Tierschutz

Allein bei der Betrachtung der vielfältigen Fallwildursachen müssen wir zur Kenntnis nehmen, dass ein erheblicher Teil des Fallwildes auch durch noch so intensive hegerische Maßnahmen nicht zu verhindern ist. Wenn jetzt wieder einzelne Stimmen in Richtung Entwurmen von Wild in freier Wildbahn aus Tierschutzgründen laut werden, so muss dies sowohl aus fachlichen und rechtlichen, aber auch aus Gründen des zu erwartenden Imageschadens für Wildbret vehement abgelehnt werden. Zur Erinnerung an Jäger und Tierärzte: Die Arzneimittelanwendung bei Wild in freier Wildbahn ist in Österreich seit Februar 2003 verboten und wird nach der Rückstandskontrollverordnung und nach dem Tierarzneimittelkontrollgesetz geahndet.

Fütterungen und Fallwild

Eine art- und wiederkäuergerechte Fütterung kann Fallwildverluste reduzieren. Andererseits sind bei Fallwilduntersuchungen im Herbst und Winter Fütterungsfehler und verdorbenes Futter die häufigsten Diagnosen. Bei der akuten Pansenübersäuerung infolge der Verfütterung von leicht verdaulichen Kohlenhydraten wie z. B. Getreide(schrot) und Mais(bruch) werden verendete Rehe oft im Fütterungsbereich gefunden.

Fatal für Wildtiere werden Situationen, wenn aufgrund von zu hohen Schneelagen oder Lawinengefahr einzelne Fütterungen während der Fütterungsperiode nicht mehr erreichbar sind und Wild dann vor den leeren Trögen steht und dort hungert. Das ist eine menschlich provozierte Form von Hungersnot.

Orientierende Fallwilduntersuchung durch den Jäger

Will der Jäger selbst eine grobe Untersuchung der Fallwildursache durchführen, weil der Erhaltungszustand eine Einsendung nicht mehr zulässt oder eine Bergung des Stückes nicht möglich ist, so hat er zumindest auf drei wesentliche Merkmale zu achten:

- **Alter des Stückes:** Ein Blick auf einen Unterkieferast bzw. bei Hornträgern auf die Trophäe lässt überalterte Stücke und damit eine häufige Fallwild(mit)ursache sofort erkennen,
- **Unterhautgewebe:** Nach möglichst vollständigem Aus-der-Decke-Schlagen des Stückes sind Schussverletzungen, Hundebisse oder Verletzungen, wie z. B. durch eine Kollision mit einem Fahrzeug, meist leicht zu erkennen,
- **Weidsack:** Fütterungsfehler, wie die akute Pansenübersäuerung sind durch typischen Panseninhalt und -geruch erkennbar.

Eingehende Fallwilduntersuchungen – vorausgesetzt wird ein relativ guter Erhaltungszustand des gefallenen Stückes – geben einen wertvollen Rückschluss auf den Gesundheitsstatus einer Wildpopulation. Allein das Spektrum der regional gefundenen Krankheitserreger hat großen Informationswert, kann man doch bei noch „gesunden" Stücken gezielt auf spezifische Anzeichen dieser Krankheiten achten und gegebenenfalls Verdächtige danach untersuchen.

Besonders wenn es sich um gehäufte Fallwildfunde in kurzer Zeit oder um auf den Menschen übertragbare Erkrankungen – so genannte Zoonosen – handelt, sind neben gezielten Untersuchungen auch hygienische Maßnahmen anzustrengen.

Allein in der Steiermark konnten über Fallwilduntersuchungen in den letzten Jahren wertvollen Erkenntnisse gewonnen und interessante Fälle aufgeklärt werden.

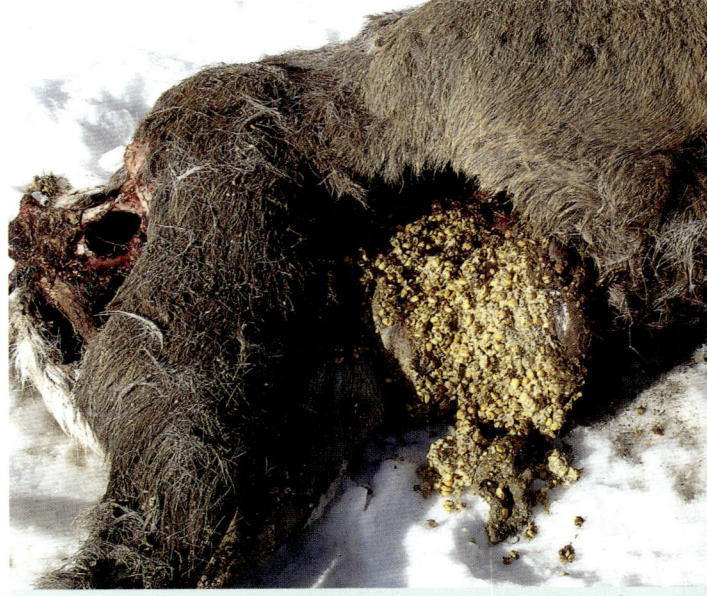

Eine akute Pansenübersäuerung ist auch bei Rotwild tödlich!

So waren beispielsweise der Ausbruch von Staupe bei Dachsen, ein Massensterben von über 300 Stockenten infolge Botulismus, Beiträge zur Verbreitung von Paratuberkulose bei insgesamt 11 Wildtierarten, Aufklärung von Fütterungsfehlern oder auch Parasiten in der Schädelhöhle beim Rothirsch Ergebnisse von Fallwilduntersuchungen.

Da ein strenger Winter oder Nachwinter oder Regulatoren wie Wolf, Luchs und Bär nicht nur nach Wildbretstärke selektierten und selektieren, sondern auch nach für uns vielfach unerkennbaren Kriterien wie

Intelligenz oder Lebenstüchtigkeit (z. B. Wahl des Wintereinstandes), dürfen wir uns nicht anmaßen, beim Jagen besser selektieren zu können. Oft sind auch kleinrahmige Stücke, die wir als Hegeabschüsse ansehen, lebenstüchtiger als extrem stark erscheinende.

Für die „Fitness" einer Wildtierpopulation sind zwischenzeitlich extremere Witterungsereignisse förderlich. Nach solchen Ereignissen müssen wir Jäger nur eventuell unsere alljährlich gesteckten jagdlichen Erwartungen etwas zurückschrauben. Großräumige Planungen der Wildbewirtschaftung unter Einbeziehung aktueller Daten über Winter- und besonders Frühjahrsverluste könnten dabei helfen.

Fallbeispiel: Hirsch bei Fütterung verunglückt

Der abgebildete Hirsch wurde im Bereich der Fütterung bei einer zwischen Bäumen angebrachten Heuraufe verendet aufgefunden.

Sektionsbefund: Unter der Decke (Hirsch wurde vollkommen aus der Decke geschlagen) waren außer einer ca. 2 x 3 cm großen Blutung über dem Schildknorpel des Kehlkopfes keinerlei Hinweise auf Verletzungen, wie Schuss- oder Forkelverletzungen, zu erkennen. Außer einem Lungenödem (Austritt von Flüssigkeit aus den Blutgefäßen in das Lungengewebe und in die Lungenbläschen) waren an den Innenorganen keine besonderen Befunde zu erheben. Nach Eröffnung des Kehlkopfes fanden sich in der Luftröhre Blut sowie schaumige Ödemflüssigkeit.

Situation beim Auffinden des Hirsches – erst die Sektion brachte Klarheit

Der Hirsch verendete mit an Sicherheit grenzender Wahrscheinlichkeit in Bewusstlosigkeit an einem Erstickungstod infolge eines Druckes/Schlages auf den Schildknorpel des Kehlkopfes. Durch das Fehlen von weiteren Verletzungen am Wildkörper sowie das Fehlen von Spuren eines Befreiungsversuches in der Umgebung des Hirsches ist davon auszugehen, dass der Druck/Schlag sofort zu einer Bewusstlosigkeit führte, in deren Folge der Hirsch erstickte. Ursache könnte ein seitliches Wegrutschen des Hirsches bei der Fütterung gewesen sein. Der Fütterungsbetrieb ist kausal in keiner Weise mit dem Verenden des Hirsches in Zusammenhang zu bringen, da durch die insgesamt 6 verstreut angebrachten Heuraufen auch rangniedrigere Stücke ohne Streitereien Futter aufnehmen können und der Fütterungsbetrieb insgesamt als sehr gut beurteilt werden kann.

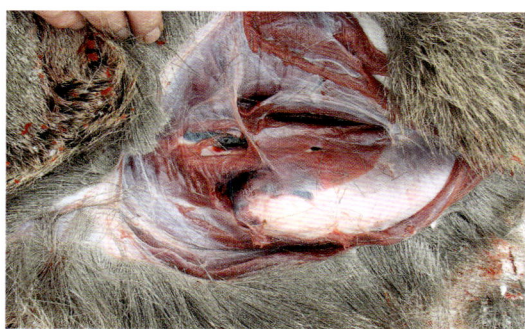

Blutung über Schildknorpel

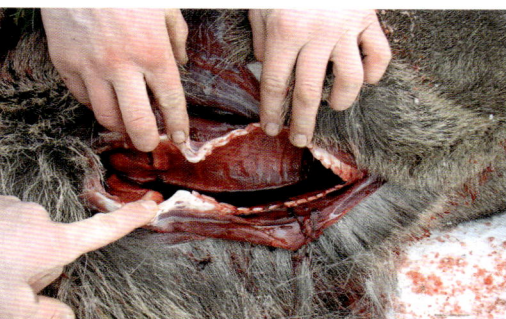

Blutiger Inhalt in der Luftröhre

Übersicht zu möglichen Fütterungsfehlern

Symptom	Mögliche Ursache	Weitere Schritte
Verlust der Scheu	Akute Pansenazidose, Gehirnlisteriose	Sektion frisch verendeter (erlegter) Stücke, Verfütterung von Silagen?
Durchfall in der Fütterungsperiode	Chronische Pansenazidose; verdorbenes Futter; Parasitose	sensorische Futtermittelbeurteilung und labortechnische Futtermitteluntersuchung, Parasitologische Untersuchung von Losung
Vermehrt Grannen (Haare) im Fütterungsbereich	Raufereien infolge zu gering bemessener Futterplätze	Wildbeobachtung und -zählung; Schaffung von Futterplätzen
Fehlende Feistbildung beim Großteil der gefütterten Rehe	Innerartlicher Stress infolge zu gering bemessener Futterplätze oder falscher Fütterungsstandort, unausgewogene Ration	Fütterungsmanagement optimieren
Sehr scheues Rotwild bei der Fütterung	Unregelmäßige Fütterungsintervalle; Unruhe bzw. Jagddruck im Fütterungsbereich	Fütterungs- und Jagdmanagement optimieren
Vermutete Fruchtbarkeitsstörungen, viele Alttiere bzw. Geißen ohne Kälber/Kitze	Mykotoxikose, Listeriose	sensorische Futtermittelbeurteilung und labortechnische Futtermitteluntersuchung
Verendensfälle in Fütterungsnähe	Akute Pansenazidose, Pansenfäulnis (z. B. fauler Apfeltrester, faule Rüben), Listeriose	Sektion Rationsbeurteilung und Fütterung optimieren
Vermehrt schwache Stücke und Kümmerer	Unregelmäßige Fütterungsintervalle, Paratuberkulose, hoher Wildstand, Parasitosen	Fütterungsmanagement optimieren, parasitologische Untersuchung von Losung
Ganze Getreide- oder Maiskörner in der Losung	Überversorgung mit Getreide/Mais und Pansenazidose, Mangel an strukturwirksamer Rohfaser	Rationsbeurteilung
Vermehrt lahme Stücke aufgrund von Schalenerkrankungen (Entzündungen und eitrig)	Unterversorgung mit strukturwirksamer Rohfaser, Überversorgung mit leicht verdaulichen Kohlenhydraten und Eiweiß	Rationsbeurteilung, sensorische Futtermittelbeurteilung und labortechnische Futtermitteluntersuchung
Ausgewachsene Schalen	Überversorgung mit Biotin	Biotinverfütterung absetzen

Pansenübersäuerung

Mykotoxikosen

Knochenerkrankungen nach Fütterungsfehlern?

Fütterungsbedingte Erkrankungen

In diesem Kapitel wird auf einige fütterungsbedingte Erkrankungen näher eingegangen. Diese sind meist Folge von nicht wiederkäuergerechten Rationen oder von verdorbenen Futtermitteln. Obwohl Fehler vermeidbar wären, umfassen fütterungsbedingte Erkrankungen einen hohen Prozentsatz des Fallwildes. Zudem können Fütterungsfehler die körpereigene Immunantwort beeinträchtigen und die Abwehrkraft schwächen, wodurch falsch gefüttertes Wild auch anfälliger gegenüber Parasitosen und Infektionskrankheiten wird.

Pansenübersäuerung

Akute Pansenübersäuerung

Die Pansenübersäuerung ist die häufigste und auch gefährlichste fütterungsbedingte Erkrankung von Wildwiederkäuern. Pansenübersäuerung entsteht nach Fütterung von leicht verdaulichen, stärkereichen, zu kurzen, nicht strukturierten oder gemahlenen Futtermitteln (Getreide, Getreideschrot, Bruchmais, Mühlen- und Bäckereiabfälle usw.).

Da diese Futtermittel, die im Lebensraum nicht in dieser Form und Menge natürlich vorkommen, zumeist auch sehr gerne und dadurch auch in zu großen Mengen aufgenommen werden, wird die Aufnahme von strukturwirksamen Grundfuttermitteln zurückgedrängt. Somit kommt es durch den Rohfasermangel zu einer reduzierten Wiederkautätigkeit und zugleich durch den sehr raschen Stärkeabbau zur Ansammlung großer Mengen freier Fettsäuren im Pansen, insbesondere von Milchsäure. Durch die Säurewirkung (Absinken des pH-Wertes)

Fütterungsbedingte Erkrankungen

werden die Pansenmikroben und damit das gesamte Pansenmilieu schwer geschädigt. Es kommt zu massiven Entzündungen der Pansenschleimhaut, und nach Aufnahme in die Blutbahn können zentralnervale Störungen (Fressunlust, Zähneknirschen, Lahmheiten, Festliegen, Koma) verursacht werden.

Rehe besitzen gegenüber den anderen Wildwiederkäuern sehr große Speicheldrüsen und einen relativ kleinen Pansen, der häufigere Äsungsperioden (im Sommer 8–10, im Winter 5–7, relativ gleichmäßig über 24 Stunden verteilt) zur Füllung benötigt.

Die Speicheldrüsen eines Rehes produzieren täglich – abhängig von der Äsung/Fütterung – zwischen 2 und 10 Litern Speichel. Die Hauptaufgabe des Speichels ist die Regulierung des Säuregrades im Pansen, wie die Abpufferung der durch den Nährstoffabbau entstehenden kurzkettigen Fettsäuren durch das im Speichel enthaltene Natriumbikarbonat („Speisesoda").

Bei der Aufnahme von oben angeführten Futtermitteln wird wenig gekaut und danach wenig bis gar nicht wiedergekaut, was eine deutlich verringerte Speichelproduktion und geringere Abpufferung des Pansensaftes zur Folge hat. Aufgrund Pansenazidose verendete Rehe findet man häufig in Fütterungsnähe, die Analgegend (Bereich um den „Spiegel") ist zumeist von Durchfallkot verschmiert bzw. verschmutzt.

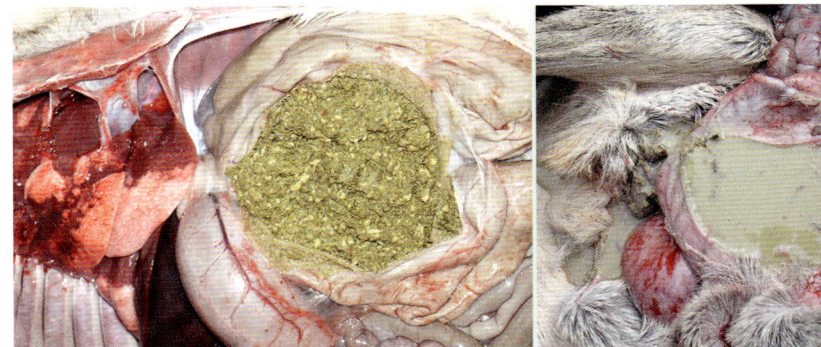

Häufiger Sektionsbefund „akute Pansenazidose" nach übermäßiger Getreidefütterung (Pansen jeweils eröffnet)

Chronische Pansenazidose (chronische Pansenübersäuerung), Verklumpung der Pansenzotten nach Verfütterung von Getreideschrot und Mühlenabfallprodukten (links)
Pansenzotten eines gesunden Rehs (rechts)
(HINTERDORFER u. DEUTZ, 1996)

Chronische Pansenazidose

Außer dem beschriebenen akuten Verlauf resultiert aus länger anhaltenden relativ zu hohen Kraftfuttergaben die chronische Form der Pansenübersäuerung. Die Folgen sind: Verhornungen und Entzündungen der Pansenschleimhaut, Leberabszesse, verminderte Infektionsabwehr (Immunschwäche), Nierenschäden, Mineralstoffwechselstörungen, Kalziummangel, Organverfettungen, chronische Klauen- und Gliedmaßenschäden sowie unregelmäßige Fresslust, chronische Abmagerung und Durchfall bzw. weicher Kot („schmierige Losung"). Die Mineralstoffwechselstörungen sind auch Schuld daran, dass beispielsweise „überfütterte" Rehböcke mit chronischer Pansenübersäuerung ein schwächeres Geweih schieben!

Mykotoxikosen

Unter den Produktionsbedingungen in Mitteleuropa ist immer wieder mit so genannten „Mykotoxinjahren" zu rechnen. Ein ungünstiger Witterungsverlauf, insbesondere zum Zeitpunkt der Blüte des Getreides und vor der Ernte, kann zu einem starken Befall mit Arten der pflanzenpathogenen Fadenpilze (Gattung Fusarium) führen. Verschiedene Fusarienarten bilden die Pilzgifte Vomitoxin (= Deoxynivalenol, DON) und Zearalenon.
Die Verfütterung verschimmelter/verpilzter Futtermittel führt zu Vergiftungen (Toxikosen), Leistungsdepressionen und Fruchtbarkeitsstörungen bei Tieren. Fusarientoxine wirken zellschädigend und beeinträchtigen das Immunsystem. Zearalenon wird den Stoffen mit östrogener Wirkung zugeordnet. Es konkurriert mit körpereigenen Östrogenen (Geschlechtshormonen) um die Bindung an Östrogenrezeptoren und führt zu Fruchtbarkeitsstörungen. Besonders Mais und Hafer sind häufig mit Mykotoxinen belastet.

Nachdem aus der zugänglichen Literatur keine Untersuchungen von Rehwildfuttermitteln auf Mykotoxine vorlagen und Rehwild regional sehr intensiv gefüttert wird, war es von Interesse, wie hoch die Mykotoxingehalte in aus Fütterungen gezogenen Rehwildfutterproben liegen. Die Futterproben setzten sich aus bis zu 7 verschiedenen Futtermittelkomponenten zusammen. Der durchschnittliche Maisanteil in den Futterchargen betrug 50 %. Es war auffallend, dass die Proben mit einem Maisanteil von mehr als 50 % wesentlich höhere Toxinwerte aufwiesen als jene mit geringerem Maisanteil. Sowohl für das Pilzgift Zearalenon als auch für Vomitoxin konnten diese signifikanten Unterschiede bestätigt werden (DEUTZ et al., 2002).

Fallbeispiel „Maiskolben"

Nach einer Fragestellung eines Jägers („Sind Maiskolben, welche sich über den Winter auf Wildäckern befinden, geeignete Futtermittel für Rehwild bzw. sind sie nach dem Winter in der folgenden Fütterungsperiode als Futtermittel geeignet?") wurde ein solcher Maiskolben auf Mykotoxine untersucht und dabei 58,4 ppm (= mg/kg) Vomitoxin und 1,87 ppm Zearalenon festgestellt. Richtwerte aus der Nutz-

Stehen gelassener Maisacker – hohes Vergiftungsrisiko bei Aufnahme von verpilztem Mais!

Fütterungsbedingte Erkrankungen

Auch für Niederwild ausgebrachter Mais wird von Rehen angenommen und kann schaden

Nicht immer ist ein Pilzbefall so deutlich sichtbar – auch geringer verpilzter Mais darf nicht mehr vorgelegt werden (der abgebildete Maiskolben weist gegenüber Richtwerten einen um mehr als 29-fach erhöhten Vomitoxin-Wert sowie einen um 3,8-fach erhöhten Zearalenon-Wert auf und ist als verdorbenes sowie auch gesundheitsschädliches Futtermittel anzusehen)

tierhaltung liegen bei < 2 ppm Vomitoxin für Kälber und Lämmer (< 0,9 ppm für Schweine) und bei < 0,5 ppm Zearalenon für Kälber und Lämmer (0,25 ppm für Schweine). Das bedeutet eine Gesundheitsgefährdung für das Wild.
Mykotoxine sind giftige Stoffwechselprodukte von Fadenpilzen. Obwohl Rehe als Wiederkäuer nicht so empfindlich auf Mykotoxine sind wie beispielsweise Schweine, so liegen dennoch Fallberichte von Mykotoxikosen bei Haus- und Wildwiederkäuern vor. Zusätzlich zu berücksichtigen ist das – verglichen mit anderen Wiederkäuern – kleine Pansenvolumen (mit kürzerer Pansenpassage des Futters/der Äsung und häufigeren Äsungszyklen) beim Rehwild, wodurch Mykotoxine in geringerem Umfang im Pansen abgebaut und damit vermehrt aus dem Darm aufgenommen und damit stoffwechselwirksam werden. Die Auswirkungen von Mykotoxinen können bei Vorliegen einer Pansenübersäuerung noch gravierender ausfallen.

Erfahrungen der letzten Jahre, in denen zumindest in der Steiermark aufgrund der Witterungsbedingungen (hohe Niederschlagsmengen, feuchtwarme Witterung) im Sommer hohe Mykotoxinbelastungen bei Mais auftraten und Rehe in gut geführten Revieren mit z. T. intensiven Fütterungen im darauf folgenden Frühjahr/Sommer geringere Wildbretgewichte aufwiesen und auffallend wenig Feist angesetzt hatten, lassen bei der Verfütterung mykotoxinbelasteter Futterchargen eine chronische Mykotoxinwirkung (Schäden an der Bauchspeicheldrüse bzw. Leber) bei Rehen befürchten. In diesem Zusammenhang sind auch die als Winterdeckung und -äsung für Niederwild nicht abgeernteten Maisfelder anzusprechen, bei denen die Maiskolben im Herbst stark verpilzen (Wachstum der Pilze noch bei 4 °C!) und die bei Aufnahme durch Rehe ein hochgradig toxinbelastetes Futtermittel darstellen.

Knochenerkrankungen nach Fütterungsfehlern?

Unter „hypertropher Osteopathie" wird eine hochgradige Knochenwucherung im Bereich der Läufe bezeichnet. Ursache dieser bei Rehen gar nicht so seltenen Erkrankung dürfte in den meisten Fällen die Verfütterung von staubigem, pilzhaltigem Futter sein.

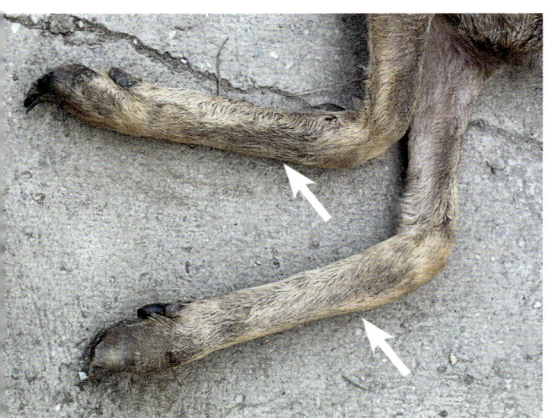

Hochgradig knöchern verdickte Mittelhandknochen durch Fütterungsfehler

Beispielhaft wird hier ein Fall einer noch nicht verfärbten, stark abgemagerten Rehgeiß (ca. 6 Jahre alt, ca. 12 kg aufgebrochen) beschrieben. In der rechten Lunge war bei der Sektion ein 13 x 11 x 10 cm großer Abszess festzustellen, der aufgrund feingeweblicher Untersuchungen auf eine Pilzinfektion zurückzuführen war. Aufgrund der veränderten Blutströmungsverhältnisse im Brustraum war zusätzlich eine Hypertrophie (= Masse- und Umfangsvermehrung eines Organs durch Zellvergrößerung ohne Vermehrung von Zellen) des Herzmuskels zu diagnostizieren.

Die hypertrophe Osteopathie kann bei allen Säugetieren und auch beim Menschen auftreten. Auslöser dieser auffallenden Knochenwucherungen sind meist raumgreifende Prozesse in der Brusthöhle, seltener in der Bauchhöhle. Die genauen Zusammenhänge sind bis heute nicht eindeutig abgeklärt.

Als Auslöser werden neurale (nervliche), humorale (Körperabwehr) oder hormonell bedingte Ursachen diskutiert, die zu einer stark erhöhten Durchblutung in den Gliedmaßen führen, wobei auch lediglich strömungstechnische Effekte durch die Druckveränderungen im Brustraum in Erwägung gezogen werden müssen.

Die Erkrankung beginnt an den Gliedmaßenenden und zeigt sich als teigige Schwellung und Knochenauflagerung vor allem an den Mittelfuß- und -handknochen sowie an Unterarm- und Unterschenkelknochen. Die Wucherungen sind das Ergebnis eines stark erhöhten Stoffwechsels infolge wesentlich gesteigerter Durchblutung. Neben Abszessen im Brustraum kommen als Ursachen noch schlecht abheilende Lungenwurminfektionen, Tumoren und auch Tuberkulose in Betracht, die bei Wildtieren in Mitteleuropa wieder zuzunehmen scheint.

Pilzsporen und andere Keime, die Abszessbildungen auslösen, können leicht bei der Verfütterung von staubigem, verpilztem Getreide bzw. Getreideschrot eingeatmet werden, besonders wenn ein Wildtier während der Futteraufnahme in den Trog hustet oder niest und dabei Staub aufwirbelt und diesen beim nächsten Atemzug einatmet. Auf das gesteigerte Risiko des Entstehens von Pilzinfektionen des Atmungstraktes bei Fütterung von Wildtieren bei hohen Temperaturen im Sommerhalbjahr muss nicht gesondert hingewiesen werden, da die Fütterung in diesem Zeitraum ohnehin untersagt und auch wildökologisch nicht vertretbar ist.

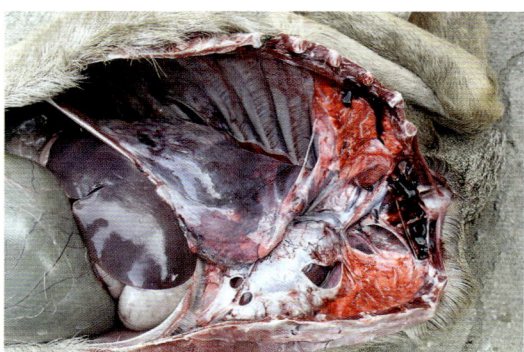
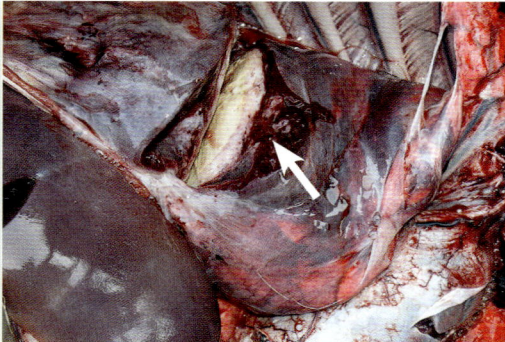

Gesunde und krankhaft veränderte Lungenareale (links)
Überfaustgroßer Abszess im veränderten Lungenbereich (rechts)

Im Fütterungsbereich übertragbare Infektionskrankheiten und Parasitosen

Aktinomykose („Strahlenpilzkrankheit")

Paratuberkulose

Tuberkulose wieder zunehmend?

Listeriose

Parasitosen und Fütterung

Durch die Konzentration von Wild bei Fütterungen ist das Risiko für bakterielle Infektionen wie auch für Parasitosen erhöht. Mit Fütterungsmaßnahmen haben wir beispielsweise das Reh verstärkt zu einem „Rudeltier" mit stark erhöhter Wilddichte im Fütterungsbereich gemacht (wenn auch meist in zeitlicher Abfolge). Beispielhaft wird auch auf einige Infektionskrankheiten eingegangen und das Thema „Parasitosen und Fütterung" diskutiert.

Aktinomykose („Strahlenpilzkrankheit")

Grundsätzlich unterscheidet man zwischen der Knochenaktinomykose (Erreger: *Actinomyces bovis* oder *Actinomyces israelii*) und der seltenen Weichteilaktinomykose meist an der Zunge (Erreger: *Actinobacillus lignieresi*).

Aktinomykoseerreger kommen als Umweltkeime im Erdboden und auf Pflanzen vor, und sie können auch als harmlose Begleitkeime auf der Mundschleimhaut, auf den Schleimhäuten der Verdauungswege sowie auf der äußeren Haut vorhanden sein, ohne eine Erkrankung auszulösen. Von Tier zu Tier ist die Aktinomykose in der Regel nicht übertragbar, außer es kommt zu einer massiven Erregerausscheidung über Fistelkanäle wie im gegenständlichen Fall und zu einer Verunreinigung von Futtertrögen.

Die Infektion erfolgt meist über kleine Verletzungen im Bereich der Maulschleimhaut (z. B. durch harte oder spitze Futterpartikel, Zahnwechsel) oder Hautverletzungen. Zunächst bilden sich kleine Entzündungsherde, aus denen sich später geschwulstartige Knochenauftreibungen entwickeln. Im weiteren Verlauf der Erkrankungen kommt es mit zunehmender Größe und je nach Sitz der aktinomykotischen Geschwulst zu fortschreitender Beeinträchtigung (z. B. Äsungsaufnahme, Wiederkäuen) des erkrankten Stückes.

Durch Auflösung der Knochensubstanz entstehen bei der Aktinomykose kleinere und größere Höhlen und Gänge, die mit graugelbem Gewebe (Granulomen) ausgefüllt sind, vielfach kommt es zu einer ausgedehnten eitrigen Einschmelzung des Granulationsgewebes. Letztlich endet die Krankheit, wenn auch unter Umständen erst nach ein bis zwei Jahren, immer tödlich.

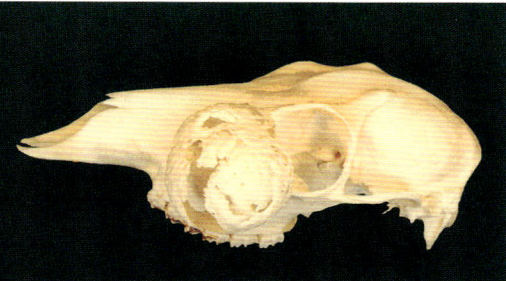

Aktinomykose bei einer Rehgeiß, über die sichtbare Fistelkanalöffnung werden massiv Erreger auch in den Futtertrog ausgeschieden (nach dem Erlegen und Knochenpräparat)

Paratuberkulose

Aus Österreich lagen bis ins Jahr 2002 lediglich Berichte über das Auftreten von Paratuberkulose bei Rindern, Schafen und Ziegen und bei Wildtieren aus Gatterhaltung sowie vereinzelt von Rotwild aus freier Wildbahn vor.

Paratuberkulose ist eine weltweit verbreitete, ansteckende, chronische Darmerkrankung besonders der Wiederkäuer, die durch *Mycobacterium avium* subsp. *paratuberculosis* (Kurzform: Map.) hervorgerufen wird. Das Wirtsspektrum der Paratuberkulose umfasst außer Haus- und Wildwiederkäuern auch Pferd, Hund, Schwein, Esel, Geflügel, Primaten, Fuchs, Dachs, Großes und Kleines Wiesel, Hasen, Kaninchen, Rabenvögel, Ratten und Mäuse, die jedoch in der Regel nicht klinisch erkranken, sondern vor allem als Ausscheider auftreten.

Beim Menschen wurde *Map.* bei Morbus Crohn (chronische Darmentzündung) isoliert, ein Zusammenhang zwischen Paratuberkulose und Morbus Crohn konnte aber bislang noch nicht schlüssig bewiesen werden. Das Internationale Tierseuchenamt (OIE) in Paris ordnet Paratuberkulose in Liste B (übertragbare Krankheiten mit sozioökonomischer und/oder humanmedizinischer Bedeutung und auch mit entsprechender Bedeutung für den internationalen Handel mit Tieren und tierischen Produkten) ein.

Der Erreger wird vorwiegend über Kot (bis 100 Mio. Erreger pro Gramm Kot/Losung!) ausgeschieden. Die Infektion erfolgt vor allem durch orale Aufnahme der Erreger meist schon in den ersten Lebenswochen. Die

Infektionsdosis, die zu einer Infektion führt, ist bei jungen Tieren vermutlich sehr gering, zudem kann der Erreger in der Umwelt über ein Jahr überleben. Die Inkubationszeit (Zeitraum von der Infektion bis zum Ausbruch von Krankheitserscheinungen) beträgt beim Rind mindestens 2 Jahre, kann aber bis zu 10 Jahre dauern. Bei Wildtieren dürfte nach unseren bisherigen Erfahrungen die Inkubationszeit kürzer sein.

Häufung von Fällen bei Wildtieren

Von 2002 bis Ende Juli 2008 wurden bei insgesamt 717 in der Steiermark/Österreich erlegten oder verendeten, verdächtigen und unverdächtigen Wildtieren aus allen steirischen Bezirken Darmlymphknoten entnommen und untersucht. In Proben von 164 Wildtieren konnte M. paratuberculosis nachgewiesen werden. Positive Proben stammten von Rot-, Reh-, Gams-, Muffel-, Dam- und Steinwild sowie von Fuchs, Schneehase, Murmeltier, Gelbhalsmaus und Auerhahn (DEUTZ u. SPERGSER, 2008).

Wildtierart	gesamt	Paratuberkulose positiv
Rotwild	127	56
Rehwild	357	137
Gamswild	69	19
Mufflon	16	9
Damwild*	4	3
Steinwild	4	3
Fuchs	106	4
Dachs	1	0
Feldhase	3	0
Schneehase	1	1
Wildkaninchen	1	0
Murmeltier	1	1
Mäuse**	18	1
Vögel***	9	1
gesamt	**717**	**235**

* 2 Stück aus Gatter
** Gelbhalsmaus 10 (1 pos.), 5 Waldmaus, Rötel-, Feld- und Waldspitzmaus je 1
*** Eichelhäher 4, Auerhahn 2 (1 pos.), 1 Birkhahn, 1 Stockente, 1 Gartenrotschwanz

Krankheitsbilder

Folgende Symptome wurden bei erkrankten Tieren festgestellt: Abmagerung, Hinweise auf Durchfall in ca. 15 % der Fälle, verzögerter Haarwechsel, verspätetes Verfegen, abnormer Geruch bei frisch verendeten oder mittels Fangschuss erlegten Tieren, vergrößerte Darmlymphknoten, Leberabszesse, Ödeme im Bereich des Darmtraktes sowie Bauchwassersucht. Erstmalig gelang der Nachweis der intrauterinen Übertragung (Infektion von Früchten in der Gebärmutter) von Paratuberkulose bei Rot- (3 Fälle) und Gamswild (1 Fall) sowie die bei Wildtieren bislang nicht beschriebene Isolierung des Erregers aus Leber, Lunge und Unterhautabszessen.

Differentialdiagnostisch sind Abmagerungen infolge anderer Ursachen (Endoparasitose, hohes Alter, weitere Infektionskrankheiten, verwaiste Kälber und Kitze), andere Durchfallursachen (Parasitosen, Fütterungsfehler, Frühjahrs- und Herbstäsung usw.) sowie bei Gatterwild auch Mangelerkrankungen zu berücksichtigen.

Vermutete Ursachen

Als Ursachen für die Häufung klinischer Fälle bei Wildtieren seit dem Jahre 2002 werden allgemein Fütterungen (Massierung von Tieren), Mängel in der Fütterungshygiene (wie Bodenvorlage von Futtermitteln), die Rotwildhaltung in Wintergattern (besonders, wenn Kälber noch im Gatter gesetzt werden!) sowie der Zukauf von (Gatter-)Wild und die starke Zunahme der Mutterkuhhaltung sowie Rinderimporte vermutet.

Zu untersuchen wäre auch, ob durch milde, feuchte Winter die Überlebensfähigkeit der Erreger auf Weide-/Äsungsflächen erhöht wird und ob Hitzestress und Wassermangel (wie im Jahr 2003) oder auch chronische Pansenübersäuerungen durch Fütterungsfehler (Getreideschrot- und Maisfütterung) und schwere Parasitosen bei Wildwiederkäuern zusätzliche prädisponierende Faktoren für das Auftreten von klinischer Paratuberkulose sein können.

Verdachtsfälle abklären

Verdächtig für das Vorliegen von Paratuberkulose bei Wildtieren sind deutlich abgemagerte Tiere, Tiere mit chronischem Durchfall (verschmutzter Spiegel oder Haarausfall an den Sprunggelenken) und Tiere mit stark verzögertem Haarwechsel. Durchfall tritt bei erkrankten Wildtieren – ähnlich wie bei Schaf und Ziege – seltener auf als bei Rindern. Die für das Rind typische hochgradige („hirnwindungsähnliche") Verdickung und Faltenbildung der Darmwand ist bei Wildtieren nicht oder nur in geringgradiger Ausprägung zu beobachten. Bei Wildtieren treten Krankheitsfälle bei deutlich jüngeren Tieren auf als bei Rindern. Bei den von uns untersuchten Wildtieren waren auch Erkrankungsfälle bei 4- bis 6-monatigen Kitzen und Kälbern von Reh-, Gams- und Rotwild zu beobachten, was vermutlich auch auf einen hohen Infektionsdruck hindeutet.

Vorbeuge- und Bekämpfungsmaßnahmen

Bei der Bekämpfung von Paratuberkulose muss neben der hohen Überlebensfähigkeit des Erregers in der Umwelt auch die intrauterine Übertragung beachtet werden. Da der Erreger im Rinderkot oder in der Losung den Winter überdauert, können sich empfängliche Haus- und Wildtiere auch im Folgejahr noch auf Weiden/Äsungsflächen infizieren. Insgesamt begünstigen niedrige Temperaturen, Feuchtigkeit und fehlende Sonneneinstrahlung das Überleben des Erregers.

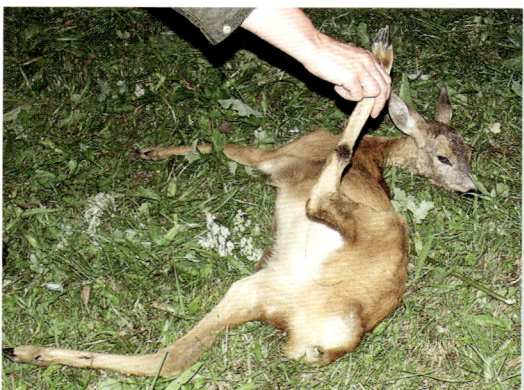

Paratuberkulose: Deutliche Abmagerung oft innerhalb weniger Wochen (links)
Paratuberkulose: Durchfall tritt bei Wildtieren – in Gegensatz zum Rind – nicht immer auf (rechts)

Infektionskrankheiten und Parasitosen

1. Fütterungshygienische Maßnahmen

Möglichst zu vermeiden ist die Bodenvorlage von Futtermitteln, um die Kontamination des Futters mit Krankheitserregern (Problembereich Großfütterungen und Wintergatter) zu verhindern.

Zusätzliche Maßnahmen sind das mehrmalige Entfernen der Losung aus dem Fütterungsbereich während der Fütterungsperiode und das Kalken des Fütterungsbereiches nach Fütterungsende sowie eine Schadnagerbekämpfung in Futtermittellagern. Grundsätzlich wäre in Problemgebieten die Notwendigkeit jeder einzelnen Fütterung zu hinterfragen.

2. Jagdliche Maßnahmen

Jäger sind über diese Krankheit zu informieren, um Verständnis und Mitarbeit für langfristige und großräumige jagdliche Entscheidungen zu sichern. Der Abschuss (zu jeder Jahreszeit, natürlich Kitze und Kälber vor erkrankten Muttertieren) und die Untersuchung von krankheitsverdächtigen Stücken, die regionale Reduktion von Wildbeständen nach Häufung von Krankheitsfällen und eine möglichst frühzeitige Abschusserfüllung mit stark reduziertem Jagddruck ab November sind konkrete jagdliche Maßnahmen zur Senkung des Infektionsdruckes.

Eine Anpassung der Wildbestände an den jeweiligen Lebensraum, lebensraumverbessernde Maßnahmen, die eine Massierung von Wild verhindern, und erhöhter Jagddruck im Bereich von kontaminierten Weidegebieten/Äsungsflächen (Lenkungseffekt!), wo Rinder aus Paratuberkulose-positiven Betrieben aufgetrieben werden, sind zusätzlich sinnvoll.

Eine Bekämpfung der Paratuberkulose bei Wildtieren wird erst nach einer Eindämmung der Paratuberkulose bei Rindern Wirkung zeigen. Eine medikamentelle Bekämpfungsmöglichkeit der Paratuberkulose besteht selbst für Haustiere nicht. Der zunehmende Nachweis von *M. paratuberculosis* bei Wildtieren muss als Indikator für eine steigende Prävalenz von Paratuberkulose in Rinderbetrieben gewertet werden.

Momentan kann die Paratuberkulose beim Rind lediglich in Grenzen gehalten werden, zur praxistauglichen Sanierung von Betrieben fehlen noch entsprechend aussagekräftige Tests am Lebendtier, ein in Bezug auf Paratuberkulose kontrollierter Tierverkehr und nicht zuletzt eine entsprechende Bewusstseinsbildung in verantwortlichen Kreisen der Veterinärmedizin, Landwirtschaft und auch Jägerschaft.

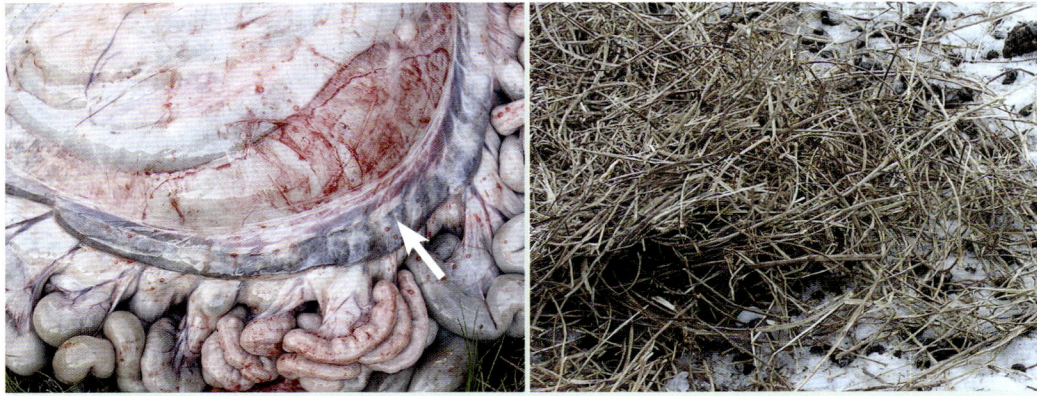

Paratuberkulose: Stark vergrößerte Darmlymphknoten als Untersuchungsmedium (links)
Am Boden vorgelegte Futtermittel werden zwar gerne angenommen, die Infektionsgefahr ist jedoch groß (rechts)

Nach der Paratuberkulose-Verordnung ist Paratuberkulose bei Rindern in Österreich seit 2006 anzeigepflichtig, erkrankte Tiere werden getötet und der Landwirt entschädigt. Aufgrund dieser Maßnahme ist zu hoffen, dass zumindest der Infektionsdruck in den nächsten Jahren nicht noch weiter ansteigt.

Tuberkulose wieder zunehmend?

Weltweit erkranken jährlich ca. 10 Mio. Menschen an Tuberkulose, in den letzten Jahren mit steigender Tendenz. Insgesamt sind derzeit 1,7 Milliarden Menschen infiziert oder waren es. Ging früher in Mitteleuropa die größte Infektionsgefahr für den Menschen von Rindern aus, ist die Rindertuberkulose heutzutage durch erfolgreiche Seuchenbekämpfungsprogramme bis auf seltenste Ausnahmen getilgt. In den letzten Jahren traten aktuelle Fälle bei Rotwild besonders in Westösterreich auf.

Tuberkulosen sind ansteckende, chronische Infektionskrankheiten durch pathogene Mykobakterien bei Mensch und Tier, die meist unter Bildung charakteristischer Veränderungen („Tuberkel") auftritt. In fortgeschrittenen Stadien führt Tuberkulose zu Abmagerung und Schwäche (früher beim Menschen als „Schwindsucht" bezeichnet).

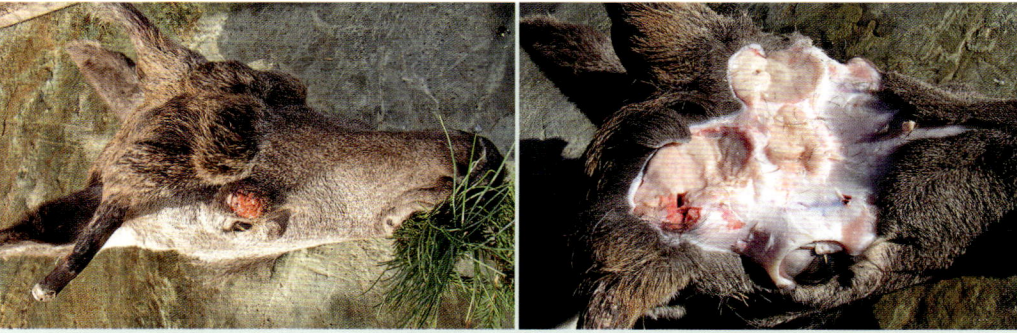

Hauttuberkulose mit bis zu taubeneigroßen Knoten bei einem Rothirsch. Besonders bei abgemagerten Stücken mit knotigen Veränderungen ist an Tuberkulose zu denken!

Bei wildlebenden Tieren scheint die Tuberkulose nicht so selten zu sein, wie noch vor wenigen Jahrzehnten angenommen. Grundsätzlich kann Tuberkulose bei allen heimischen Haar- und Federwildarten auftreten. KERSCHAGL (1955) zählte die Tuberkulose bei den frei lebenden Wildtieren noch zu den Seltenheiten. Unter rund 10.000 durchgeführten Wilduntersuchungen diagnostizierte er bei zwei Hirschen, einer Gams, einem Reh, einem Fasan, einer Auer- und einer Birkhenne aus freier Wildbahn Tuberkulose. Weiters fand er Tuberkulose bei fünf in Gattern gehaltenen Rehen.

Hauptinfektionsquellen für Wild- und Haustiere sind heute der Kot und Lungenschleim von tuberkulösem (Haus-)Geflügel und erkrankten Menschen, in England, den Niederlanden und der Schweiz auch der Dachs (in anderen Ländern unzureichend untersucht).

Tuberkuloseerreger sind durch ihren speziellen Zellwandaufbau sehr widerstandsfähig. Im Rinderkot bleiben sie bis zu 2 Wochen, im eingetrockneten Lungenschleim 4 Monate und in tuberkulösen Organen bis zu drei Jahre ansteckungsfähig. Stressfaktoren, zu enger Lebensraum, ungünstiges Klima und unzureichende oder einseitige Ernährung/Fütterung können die Entstehung der Krankheit begünstigen.

Krankheitszeichen

Bei der Aufnahme der Erreger mit der Äsung können die Halslymphknoten und auch der Darm bzw. die Darmlymphknoten infiziert werden. Brechen Mykobakterien in die Blutbahn ein, dann können die Milz und die Nieren erkranken und auch das Gehirn oder die Knochen.

Was die Erscheinungen am lebenden tuberkulösen Schalenwild betrifft, so magert es, entsprechend dem chronischen Verlauf der Krankheit, ab, hustet und zeigt auch öfters Durchfall. Der Kot ist stinkend und manchmal mit Blut vermischt. Daneben sind die Tiere matt, nehmen wenig Äsung auf und verfärben schlecht oder zeigen ein struppiges, glanzloses Haarkleid. Sonderbarerweise wirkt sich die Tuberkulose, auch wenn ausgebreitete Krankheitserscheinungen vorhanden sind, nicht immer auf die Geweihbildung aus (KERSCHAGL, 1955).

Der klinische Verlauf der Tuberkulose ist im Anfangsstadium uncharakteristisch und bleibt in Abhängigkeit von der Widerstandskraft des befallenen Organismus entweder lokal begrenzt oder breitet sich weiter aus; es kann auch zur Abkapselung und Ausheilung kommen.

Je nach erkranktem Organ treten Husten, Röcheln, Atemnot (Lungentuberkulose) oder Durchfall (Darmtuberkulose) auf, später magern die Tiere hochgradig ab. Die Infektion verursacht weißlich-gelbe, trockene und bröckelige Entzündungsherde vorwiegend in Leber, Milz, Lunge und Darm sowie in den Lymphknoten. Diese Entzündungsherde werden zumeist von Bindegewebe eingekapselt, so dass abszessartige Knoten entstehen. Man findet auch die Lungen- oder Darmlymphknoten hochgradig vergrößert und verkäst oder auch verkalkt.

Die Lymphknoten können bis faustgroß werden. Von den Innenorganen erkrankt beim Schalenwild in erster Linie die Lunge. Die meist auffällig veränderte Lunge enthält viele kleine oder wenige große tuberkulöse Herde. Von der Lunge kann die Tuberkulose auch auf das Rippenfell übergreifen, wobei dann das Krankheitsbild der so genannten „Perlsucht" entsteht.

Eine Sonderform ist die sogenannte „Miliartuberkulose" (lat. *milium* = Hirse) der Lunge, bei der das ganze Organ mit kleinen hirsekorngroßen Knötchen durchsetzt ist. Auf der Schnittfläche der Knoten sind eine zentrale Verkäsung und häufig Verkalkung zu erkennen, verkäsende Einschmelzungsherde können zusammenfließen.

Verdacht ernst nehmen!

Aufgrund von aktuell diagnostizierten Tuberkulosefällen bei Rotwild und Rindern in Westösterreich, für die als Infektionsquelle u. a. Weiderinder aus dem südbayrischen Raum diskutiert werden, erscheint es unbedingt notwendig, Jäger und kundige Personen nachdrücklich auf die Möglichkeit des Vorkommens von Tuberkulose bei jagdbarem Wild hinzuweisen, damit entsprechende diagnostische und fleischhygienische Schritte gesetzt werden können.

Listeriose

Listeriose ist eine bakteriell bedingte Infektionskrankheit bei Tieren und beim Menschen. Bei Wildwiederkäuern kann die Erkrankung verschiedene Krankheitsbilder hervorrufen. Neben Aborten und vermehrter Jungtiersterblichkeit, welche üblicherweise gar nicht bemerkt werden, sowie Gesäugeentzündungen sind Infektionen des zentralen Nervensystems (Gehirn) und damit verbundene Ausfallserscheinungen von Funktionen der Kopfnerven am häufigsten anzutreffen. Der klassische Übertragungsweg ist die Aufnahme von erregerhältigem Material (vor allem schlecht vergorene Silage), und nur selten wird die Erkrankung von Tier zu Tier übertragen.

Erreger der Listeriose ist *Listeria monocytogenes* (*L. m.*), seltener auch *Listeria ivanovii*. Listerien sind grampositive Stäbchenbakterien, in der Umwelt weit verbreitet, relativ resistent und brauchen zur Vermehrung einen pH > 5. Dadurch ergeben sich auch die Zusammenhänge zwischen den in der Praxis vermehrt zu

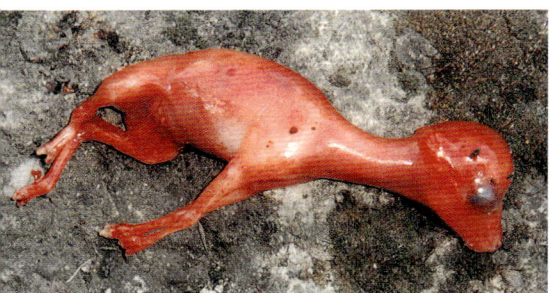
Abortiertes Hirschkalb nach der Verfütterung listerienhaltiger Silage

beobachtenden Fällen von Listeriose in silagefütternden Schaf- und Ziegen-Betrieben und der Silagequalität.

Wird die Silage zu trocken eingebracht, kommt es nur zu einer minderen Säuerung und somit zu pH-Werten von pH > 5. Diese Silagen sind in Folge dann sehr instabil, und es kommt sehr leicht zu Nacherwärmungen, was wiederum zu einer starken Vermehrung der Listerien in der Silage führen kann. Es sind mehrere Serotypen von *L. m.* bekannt. Bei Infektionen des Gehirns wird am häufigsten Serotyp 4b gefunden. *L. m.* vermehrt sich intrazellulär. Antikörper schützen somit nicht vor einer Erkrankung. Bei Schafen ist auch *L. ivanovii* als Erreger von Aborten, nicht aber von Hirnerkrankungen beschrieben.

Eine Enzephalitis ist eine Entzündung des Gehirns, wie sie bei Listeriose auftritt. Sind auch die Hirnhäute von der Entzündung betroffen, spricht man von einer Meningoenzephalitis (z. B. Infektion mit dem FSME-Virus). Bei zusätzlicher Beteiligung des Rückenmarks spricht man von einer Enzephalomyelitis (z. B. Kinderlähmungsvirus Polio).

Krankheitsentstehung

Da der Kontakt mit Listerien für Wildwiederkäuer höchstwahrscheinlich ein alltägliches Ereignis ist, dürften zusätzliche Faktoren notwendig sein, damit eine Erkrankung ausgelöst wird (verschiedene Stressoren, hoher Infektionsdruck, parasitär bedingte Schädigungen der Darmschleimhaut, Abwehrschwäche).

Der häufigste Infektionsweg sind kleinste Verletzungen in der Schleimhaut von Mundhöhle, Nasenhöhle und den Lidbindehäuten. Die Bakterien steigen dann über Nervenbahnen, vor allem entlang von Ästen des *Nervus trigeminus* oder anderer Hirnnerven, zum Hirnstamm auf. Dort entsteht eine eitrige Enzephalitis mit mikroskopisch kleinen Abszessen, in deren Verlauf die Kerngebiete verschiedener Hirnnerven betroffen werden können. In der Folge entsteht auch eine nichteitrige Meningitis.

Krankheitserscheinungen bei Listerien-Enzephalitis

Infektionen mit Listerien treten in der Praxis immer wieder auf, und am häufigsten finden sich Infektionen des Gehirns. Je nach Ort und Grad der Veränderungen im Gehirn stehen unterschiedliche Ausfallserscheinungen verschiedener Hirnnerven im Vordergrund. Typischerweise findet man Gleichgewichtsstörungen, Nackensteifheit, Schiefhalten des Kopfes, Kreisbewegungen, herabhängende Ohren und Blindheit. Auch das Speicheln kann sehr ausgeprägt sein, da der produzierte Speichel nicht mehr abgeschluckt werden kann. Bei Rehen und Hirschen können die beschriebenen Symptome oftmals nicht gesehen werden, sondern es werden zumeist erst verendete Stücke aufgefunden.

Am verendeten Tier wird die Diagnose durch pathologisch-histologische Untersuchungen und durch den Erregernachweis gestellt.

Vorbeugung von Listeriose durch richtige Bereitung und Fütterung von Silagen

Hauptinfektionsquelle dürfte in den meisten Fällen die Verfütterung von vermehrt listerienhaltigen Silagen, zumeist von Gras-, aber auch von Maissilagen, sein. Bei ungenügend abgesäuerten Silagen (pH-Wert > 5) kann es zu einer starken Vermehrung der Listerien kommen. Diese zu hohen pH-Verhältnisse können grundsätzlich auf zwei mögliche Ursachen zurückgeführt werden: Fehler in der Silagebereitung und Fehler nach dem Öffnen des Silos. Fehler bei der Silagebereitung und Fehler nach dem Öffnen des Silos sind die eigentlichen Ursachen für die Vermehrung von Listerien, wie diese Fehler vermieden werden können, ist im Kapitel Silagebereitung beschrieben.

Parasitosen und Fütterung

Im Fütterungsbereich kommt es zu einer starken Anreicherung von Parasiteneiern und -larven über die in diesem Bereich abgesetzte Losung. Zusätzlich geschieht auch die Übertragung von Außenparasiten (Lausfliegen, Haarlinge usw.) im Fütterungsbereich, wie an Raufen und Trögen, leichter als im restlichen Lebensraum. Wenn zusätzlich fütterungshygienische Probleme (Futtervorlage am Boden, verdorbenes Futter usw.) auftreten bzw. chronische Pansenazidosen vorliegen, wird der Infektionsdruck oder die Anfälligkeit der Darmschleimhaut erhöht. Ein Kalken des Fütterungsbereiches am Ende der Fütterungsperiode ist nur nach möglichst gründlicher Entfernung von größeren Losungsmengen und Futterresten wirksam, da Desinfektionsmittel keine Tiefenwirkung aufweisen. Bei Fütterungen im Grünland werden ein bis zwei Reinigungsschnitte mit Entfernung des Mähgutes angeraten, so dass UV-Licht auf parasitäre Stadien einwirken und der nahe Bodenbereich besser austrocknen kann.

Zur Reduktion von Krankheitserregern wird ein ein-, besser zweimal jährlicher Reinigungsschnitt mit Entfernung des Mähgutes aus dem Fütterungsbereich empfohlen

- Abgrenzung der Symptomatik Vergiftung – Infektionskrankheit
- Beziehungen zwischen Dosis und Wirkung
- Die bedeutensten Pflanzengifte
- Pflanzenvergiftung am Beispiel der Aufnahme von Herbstzeitlosen
- Kalzinose

Vergiftungen durch Giftpflanzen

Pflanzenvergiftungen bei Wildwiederkäuern kommen in der Regel nur dann vor, wenn mit Giftpflanzen kontaminierte Futtermittel vorgelegt werden. Grundfuttermittel, welche auf intensiv bewirtschafteten Grünlandflächen gewonnen werden, sind üblicherweise frei von Giftpflanzen. Unterschiedliche Bewirtschaftungsformen von landwirtschaftlichen Nutzflächen können aber ebenso wie eine Grünland-Extensivierung (Einmähdig, Brachen) das Risiko eines verstärkten Besatzes mit Giftpflanzen bergen. Auf solchen Flächen geerntetes Futter kann Giftpflanzen beinhalten, welche dann im Rahmen der Winterfütterung auch aufgenommen werden könnten. Eine weitere Ursache ist die zunehmende Vorliebe vieler Freizeitgärtner für Zierpflanzen mit giftigen Inhaltsstoffen (Oleander, Eibe, Buchsbaum, Seidelbast ...). Haben Wildwiederkäuer direkten Zugang zu solchen Pflanzen bzw. gelangen Pflanzen oder -teile bei der Ernte in das Wildfutter (z. B. bei der unsachgemäßen Entsorgung von Grünschnitten), so kann es dadurch ebenfalls zu Vergiftungsfällen kommen.

Abgrenzung der Symptomatik Vergiftung – Infektionskrankheit

Bei akuter Erkrankung mehrerer Tiere bzw. bei Todesfällen sollte neben einer Pansenübersäuerung und infektiös bedingten Ursachen auch an die Möglichkeit einer Vergiftung (Pflanzenvergiftung) gedacht werden.

Zur Veranschaulichung finden Sie auf S. 144 den QR-Code für ein Kurzvideo zum Thema Giftpflanzen.

Vergiftungen durch Giftpflanzen

Der Verdacht auf eine Vergiftung ist insbesondere unter folgenden Umständen gegeben:

- Mehrere Tiere oder auch unterschiedliche Tierarten erkranken
- Zusammenhang mit der Futter- oder Wasseraufnahme
- Die Krankheitserscheinungen treten zumeist plötzlich auf
- Die Krankheit ist nicht übertragbar
- Neben Störungen des Verdauungstraktes (Durchfall, Koliken) stehen oft Veränderungen mit zentralnervalen Krankheitserscheinungen im Vordergrund (Störungen des Verhaltens, der Bewegungsfähigkeit und der Empfindungen wie Sehen, Hören, Tastsinn ...)
- Bei Vergiftungen ist die innere Körpertemperatur zumeist nicht erhöht, und es besteht weitgehend Therapieresistenz, beides lässt sich jedoch bei Wildtieren nicht überprüfen

Die Abgrenzung Infektionskrankheit – Vergiftung erfordert einen exakten Vorbericht durch den Tierhalter. Da sich der direkte Giftnachweis zumeist sehr schwierig gestaltet, sind genaue Nachforschungen bezüglich der Pflanzengesellschaft des Grundfutters (v. a. Heu, Grummet und Grassilagen) notwendig. Bei verendeten Tieren empfiehlt sich bei Verdacht eine ehest mögliche Untersuchung des Panseninhaltes auf Giftpflanzen und -teile durch eine entsprechende Untersuchungsstelle.

Beziehungen zwischen Dosis und Wirkung

„Alle Dinge sind Gift, und nichts ist ohne Gift. Allein die Dosis macht, dass ein Ding kein Gift ist."
Diese mehr als 500 Jahre alte Feststellung von Paracelsus (1493–1541) besitzt auch heute noch ihre volle Gültigkeit. Als praktisches Beispiel dient hier der Goldhafer, der ein wertvolles Futtergras darstellt. Bei starkem Goldhafervorkommen kann jedoch durch dessen mehrmonatige Verfütterung das Krankheitsbild der Enzootischen Kalzinose auslöst werden.

Für die Einteilung von Giftstoffen wird der Begriff letale Dosis (= tödliche Menge, LD) angewandt. Dabei gibt die orale LD50 jene Menge an Gift an, nach deren Verabreichung über den Verdauungstrakt 50 % der Versuchstiere aufgrund der Giftwirkung verenden.

Kategorie	Orale LD 50 mg/kg
sehr giftig	≤ 25
giftig	$> 25 \leq 200$
mindergiftig	$> 200 \leq 2000$

Klassifizierung von Giftstoffen

Weiters muss zwischen akut, subchronisch und chronisch toxisch wirkenden Substanzen unterschieden werden. Die Giftwirkung ist dabei abhängig von der **Menge** des einwirkenden Giftes sowie der **Dauer** bzw. **Häufigkeit** der Gifteinwirkung.

Die bedeutendsten Pflanzengifte

Eine Vergiftung erfolgt hauptsächlich nach Aufnahme des Giftes über den Verdauungstrakt. Die meisten pflanzlichen Giftstoffe sind sekundäre Pflanzenstoffe (Exkrete), welche nach Verstoffwechselung von Kohlenhydraten, Fetten und Aminosäuren entstehen. Pflanzliche Gifte gehören in erster Linie zur Gruppe der Glykoside (z. B. Blausäure, Digitalis-Saponin), Alkaloide (z. B. Atropin, Nikotin, Papaverin) oder Gerbstoffe.

Mykotoxine (Pilzgifte) sind giftige Stoffwechselprodukte bestimmter Pilze. Wenn die Lagerbedingungen von Futtermitteln die Vermehrung dieser Pilze erlauben (warm, feucht, ungenügender Luftabschluss, minderer Hygienezustand), so können durch diese Pilzgifte eine Vielzahl von Krankheitserscheinungen ausgelöst werden. Pilzgifte bleiben auch nach dem Erhitzen (z. B. nach dem Pelletieren im Futtermittel) erhalten, auch wenn der Pilz selbst möglicherweise schon nicht mehr erkennbar ist.

Pflanzenvergiftung am Beispiel der Aufnahme von Herbstzeitlose

Die Herbstzeitlose stellt die bedeutendste heimische Giftpflanze dar. Die im Herbst violett blühende Herbstzeitlose ist ein auf manchen Feuchtwiesen massenhaft verbreitetes Unkraut. Die Samen werden erst im darauf folgenden Frühling ausgebildet. Die Pflanzen werden von Wildtieren kaum in grünem Zustand aufgenommen. Vergiftungsfälle werden durch Herbstzeitlose in Heu oder Grassilage verursacht. Das Gift der Herbstzeitlose wird durch Heuwerbung oder Silierung nicht neutralisiert.

Das in allen Pflanzenteilen enthaltene Alkaloid Colchicin ist ein Mitosegift (⇨ stört die Zellteilung) und ein Kapillargift (⇨ Schädigung der Wände von Blutgefäßen). Colchicin ist im Samen zu 0,4 %, in Blättern zu 0,3 % und in Wurzelknollen zu 0,2 % enthalten. Nach Aufnahme von Teilen der Herbstzeitlose kommt es im Magen-Darm-Bereich zu schwerwiegenden Schleimhautreizungen. Dadurch werden die hochgradigen, teilweise blutigen Durchfälle ausgelöst. Eine Dosis von 0,25 mg Colchicin pro kg LM führt bereits zu starkem Durchfall, eine Dosis ab 1 mg Colchicin pro kg LM ist tödlich.

Alle oberirdischen Teile der Herbstzeitlose sind für Wiederkäuer hochgiftig, und das Gift bleibt auch in Silagen und im Heu erhalten

Krankheitserscheinungen

Die Tiere erkranken zumeist 1–3 Tage nach erstmaliger Aufnahme von Herbstzeitlose, da Colchicin im Magen-Darm-Trakt erst oxydativ umgesetzt wird. Die erkrankten Tiere zeigen gestörte bis aufgehobene Fresslust,

Vergiftungen durch Giftpflanzen

Pansenstillstand, vermehrten Speichelfluss, Schweißausbruch, Unruhe, kolikähnliche Erscheinungen, Zittern, Taumeln, Nachhandlähmungen, Festliegen und Kreislaufstörungen. Weiters besteht ein hochgradiger, gelblich-brauner, stinkender, bisweilen blutiger Durchfall. Etwa die Hälfte der an diesen Symptomen leidenden Tiere verenden binnen der ersten 12 Stunden nach Krankheitsbeginn.

Zerlegungsbefund

Es bestehen akute Entzündungen (Rötungen, Blutungen) im Bereich der Schleimhäute der Vormägen, des Labmagens und aller Darmteile. Der gesamte Darmabschnitt ist mit dünnflüssig-stinkendem, evtl. blutigem Inhalt gefüllt. Im Panseninhalt können bei genauerer Untersuchung möglicherweise Reste von Blättern der Herbstzeitlosen oder deren Samen nachgewiesen werden.

Kalzinose

Durch die mehrmonatige Verfütterung von Heu und Grassilagen, die einen erhöhten (über 30 %) Gehalt an Goldhafer haben, kann es zu einer Beeinträchtigung des Mineralstoffwechsels von Kalzium und Phosphor kommen. Goldhafer, ein eigentlich bedeutendes Futtergras, enthält Vitamin-D-wirksame Stoffe, die zu einer vermehrten Einlagerung von Kalzium und Phosphor in Knochen, Sehnen, Bändern, aber auch in inneren Organen wie dem Herzen, den Lungen, den Nieren und in Blutgefäßen (Intima der großen Arterien) führen können.

Besonders bei einem gleichzeitig bestehenden, (zu gut gemeinten) übermäßigen Einsatz von Mineralstoffmischungen, die neben Kalzium und Phosphor möglicherweise ebenfalls noch mit Vitamin D angereichert sind, kann das Krankheitsbild der Kalzinose ausgelöst werden. An Kalzinose erkrankte Tiere wirken träge, lahm, sind bewegungsunlustig und magern chronisch ab. Durch Vermeidung zu hoher Gehalte an Goldhafer im Grundfutter und durch einen gemäßigten Einsatz von Mineralstoffpräparaten lässt sich Kalzinose einfach verhindern.

Heu bzw. Silage aus diesem goldhaferreichen Pflanzenbestand kann Kalzinose verursachen (links) Gegenüberstellung von gesunder (unten) und verkalkter Arterieninnenwand infolge Kalzinose (Präparat Ziege) (rechts)

- Standortfaktoren
- Bau von Fütterungen
- Rehwildfütterungen
- Rotwildfütterungen
- Verlegen oder Auflassen von Fütterungen

Standortwahl und Bau von Fütterungen

Der Standort einer Fütterung hat nicht nur einen Einfluss auf die Akzeptanz durch das Wild, sondern kann auch wildschadensauslösend oder krankheitsfördernd wirken. Dieses Kapitel soll auf wesentliche Eckpunkte in der Planung von Fütterungen eingehen.

Standortfaktoren

Generelle Standortfaktoren, die sowohl für Rot- als auch Rehwildfütterungen gelten, sind:

- **Ruhe** und **Einstand:** Günstigenfalls sollte Wild auch den ganzen Tag über – entsprechend der natürlichen Äsungsrhythmen – Möglichkeit haben, die Fütterung aufzusuchen. Dazu ist es aber notwendig, dass der Fütterungsstandort möglichst störungsfrei liegt. Auch in den Fütterungseinständen muss entsprechende Ruhe herrschen.
- **Übersicht für das Wild:** Fütterungen dürfen nicht in finstere Einstände hineingebaut werden, hier kann das Wild sein Sicherheitsbedürfnis nicht befriedigen und ist damit nur kurz und unruhig an der Fütterung. Auch eine Rehwildfütterung an der Seite einer alten Hütte oder eines Stadels ist nicht ideal, weil damit der Rundumblick nicht mehr gegeben und das Sicherheitsgefühl gestört ist.

- **Ausreichend Platz:** Am Fütterungsstandort ist Platz für mehrere Vorlagemöglichkeiten in ausreichenden Abständen notwendig, damit auch schwächeres Wild oder Jungtiere zugleich mit dominanten Tieren Futter aufnehmen können.
- **Trockener Boden:** An Fütterungen, die in feuchten Senken mit tiefem Boden liegen, treten nach kurzer Zeit hygienische Probleme sowie ein stark erhöhter Infektionsdruck mit Parasiten auf. Wir werden auch zunehmend mit Warmwettereinbrüchen im Winter konfrontiert werden, die bei tiefem, weichem Boden nach dem Auftauen sehr unhygienische Bedingungen provozieren. Die gleichen Probleme ergeben sich in der ausklingenden Fütterungsperiode im Frühjahr.
- **Sonne** und **Wasser:** An sonnigen, windgeschützten Plätzen fühlt sich das Wild wohler. Wasser sollte in der Nähe der Fütterung auch bei tiefen Temperaturen zugänglich sein. Der hohe Wasserbedarf von Wild im Winter, abhängig von der Futterzusammensetzung, wird häufig unterschätzt.
- **Wind-** und **lawinengeschützt:** Standorte, die bekannt für hohe Schneeverwehungen oder Lawinenabgänge sind, sollten von vornherein ausgeschieden werden.
- **Erreichbarkeit:** Es ist auch daran zu denken, dass die Fütterung in Wintern mit extremer Schneelage noch erreichbar sein muss. Sonst kann es wie im Winter 2005/06 dazu führen, dass Rehe im Fütterungsbereich, an den sie traditionell gebunden sind, verhungern, nur weil die Fütterungen nicht mehr erreichbar sind.
- **Nicht unbedingt auf Dauergrünland:** Bei Fütterungsstandorten auf Dauergrünland kann sich – überhaupt, wenn nicht alljährlich mindestens zwei Reinigungsschnitte durchgeführt werden – ein massiver Infektionsdruck aufbauen, da Parasiten und Bakterien in der hohen Vegetation gute Lebensbedingungen vorfinden.
- **Natürliche Beiäsung:** Sowohl für Rot- als auch für Rehwild ist es verdauungsphysiologisch günstig, wenn neben dem angebotenen Futter auch viel natürliche Beiäsung (z. B. abgewehte Almflächen oder Schwarzbeere für Rotwild oder Brombeer-/Himbeer-/Schwarzbeerflächen für Rehwild) verfügbar ist. Zudem können damit die Fütterungskosten erheblich gesenkt werden.

Revierübergreifende Abstimmung der Fütterungsstandorte

Vor allem bei Rotwildfütterungen ist ein koordiniertes Vorgehen bei der Standortwahl sehr wichtig. Das ist in manchen Bundesländern auch im Jagdgesetz verankert (wildökologische Raumplanung).

Ausreichend Abstand von wildschadensanfälligen Waldbeständen

Sowohl im Wirtschaftswald als auch im Schutzwald kommt dem Aspekt der Wildschadensvermeidung zentrale Bedeutung zu – wenn auch aus jeweils etwas unterschiedlichen Gründen. Um die Risiken für untragbare Verbissschä-

Bei der Standortwahl sind eine Reihe von Faktoren zu berücksichtigen

den gering zu halten, ist ein ausreichender Abstand von verjüngungsnotwendigen Waldbeständen, von ungesicherten Verjüngungen und von schälanfälligen Waldbeständen empfehlenswert. Besonders schälanfällig sind in Bergrevieren äsungsarme, fichtendominierte Dickungen und Stangenhölzer mit feinrindiger Fichte, in manchen Regionen auch Eschen- oder Tannenbestände und Kieferndickungen. Die waldbaulich risikoärmsten Fütterungseinstände sind demnach vor allem Baumhölzer, in denen während der nächsten 20–25 Jahre keine Verjüngung erforderlich ist; vor allem dann, wenn darin auch im Winter ein gewisses natürliches Äsungsangebot verfügbar ist.

Abschließend ist zum Thema Standortwahl von Rotwildfütterungen noch anzumerken, dass die Lenkbarkeit des Rotwildes durch Fütterungen im Flach- und Hügelland größer ist als im Alpenvorland und in höher gelegenen Lebensräumen. In höher gelegenen Lebensräumen wird die Suche nach Winterlebensräumen auch von kleinklimatischen Faktoren (Schatten, Wind, Schneelage) und verbleibenden natürlichen Äsungsressourcen (z. B. abgewehte Almflächen) beeinflusst.

Bau von Fütterungen

Zum Füttern von Rot- und Rehwild werden verschiedenste Methoden und Fütterungsanlagen angewendet. Grundsätzliche Ziele sind ein Schutz der Futtermittel vor negativen Witterungseinflüssen, eine Minimierung der Futtermittelverluste und eine Rationalisierung des Arbeitsaufwandes zur Fütterung. Immer zu berücksichtigen sind aber die arteigenen Bedürfnisse der zu fütternden Wildtiere.

Bei schwieriger Erreichbarkeit der Fütterung im Winter ist der geschätzte notwendige Futterbedarf für die gesamte Fütterungsperiode einzulagern. Dabei ist unbedingt zu berücksichtigen, dass bei Rehwild der Tagesbedarf im Herbst deutlich über dem Bedarf im Winter liegt, beim Rotwild steigt der Bedarf gegen das Frühjahr hin stark an. Stark abhängig ist der Futterbedarf von der Verfügbarkeit natürlicher (Bei-)Äsung wie Wintersaaten, Wildäckern, Him- oder Brombeere, Schwarzbeere oder abgewehte (Alm-)Flächen.

Massive Heuballenraufen mit abhebbarem Dach für die einfache Beschickung mit einem Traktor für ein wöchentliches Fütterungsintervall (Arbeitserleichterung) (links) Überdachte Tröge schützen Futtermittel vor Witterungseinflüssen, die Überdachung wäre bei täglicher Futtervorlage nicht notwendig (rechts)

Standortwahl und Bau von Fütterungen

Der Futterbedarf kann mit folgender Formel geschätzt werden:

$$\textbf{Gesamtmenge FM in Tonnen} = \frac{\text{Stück Wild x Fütterungstage x Tagesbedarf FM in kg}}{1000}$$

Da sich die einzelnen Futtermittel hinsichtlich ihres Trockenmassegehaltes (T) sehr stark voneinander unterscheiden können, sind diese bei der Anwendung der angeführten Formel entsprechend zu berücksichtigen (siehe Kapitel „Rationsbeispiele").

Bei separierter Vorlage von Kraft-(Konzentrat-)Futtermitteln von anderen Futtermitteln ist die Gefahr sehr groß, dass in kurzer Zeit zu viel Kraftfutter aufgenommen wird. Die Lagerung von Futtermitteln sollte geschützt vor Schädlingen und Umwelteinflüssen (Nässe, UV-Licht, hohe Temperaturschwankungen usw.) möglich sein. Bei Rüben ist zu berücksichtigen, dass sie wie andere Hackfrüchte besonders angefroren leicht schimmeln. Daher wird empfohlen, dass die Hackfruchtschicht nicht höher als 80–120 cm ist und dass günstigenfalls Lüftungskanäle vorhanden sind.

Angeboten werden Futtermittel je nach Futtermittelart in Raufen, Magazinen, Trögen, Automaten, Tristen oder Futtertischen. Unter den Raufen ist ein (Vor-)Trog empfehlenswert, damit das aus den Raufen gezupfte Heu nicht auf den Boden fällt und möglicherweise von dort aufgenommen wird.

Abhebbarer Dachdeckel zur leichteren Beschickung der Futterhütte mit Heuballen mittels Kran

Heumagazin für die Vorlage bei Fütterungen, die nicht in kurzen Intervallen beschickt werden können – Dach ist mit Frontlader einfach wegzuheben (links)
Heumagazin, bei dem Heu von oben nachrutscht (links Witterungsschutz auf der Wetterseite) (rechts)

Bei diesen Heuraufen wäre das Anbringen eines „Vortroges" zur Aufnahme herunterfallenden Futters empfehlenswert

Heumagazin (links) und einfache Heuraufe bei Rotwildfütterung an der Waldgrenze (Fütterung besteht aus Futterhütte mit breiter Heuraufe und 7 aufgeteilten Magazinen und Raufen)

Befestigter und vor Weidevieh abgesicherter Platz zur Siloballenlagerung – im Winter sind die Ballen auch vor Wild zu schützen

Standortwahl und Bau von Fütterungen

Rehwildfütterungen

Rehwildfütterungen sind häufig stark unterdimensioniert, im Extremfall wird ein Futterautomat angebracht. Eine Rehwildfütterung sollte aber so viele Fütterungsplätze (Elemente) haben, wie maximal Rehe zugleich an die Fütterung ziehen. Weiters ist es günstig, wenn diese Futterplätze 3 bis 5 Meter voneinander entfernt liegen, damit die „persönlichen Zonen" der Rehe gewahrt bleiben (BUBENIK, 1984). Bei einem einzigen kleinen Automaten oder Trog ist es sonst der Fall, dass wenn eine Geiß mit zwei Kitzen zur Fütterung kommt, die Geiß zwar Futter aufnimmt, aber wenn sie fertig ist, sie ihre Kitze wieder hungrig von der Fütterung mitnimmt.

Wo mit Rehwild gleichzeitig auch Rotwild vorkommt, sind nach den meisten landesgesetzlichen Bestimmungen Rehwildfütterungen rotwildsicher einzuzäunen. Dies kann mit senkrechten (Richtwert: 18 bis

Rehwildfütterung mit mehreren Elementen in lichtem Bestand (Übersichtlichkeit!) (links)
Überdachter Trog zur Vorlage von siliertem Apfeltrester (rechts)

Bei reinen Automaten- oder Trogfütterungen mit Kraftfutter besteht die Gefahr der zu raschen und übermäßigen Aufnahme von Kraftfuttermitteln, was in der Folge zu akuten oder chronischen Pansenübersäuerungen führt (links)
Rotwildsicher eingezäunte Fütterungen sollen einen geräumigen Fütterungsbereich für mehrere Stücke gleichzeitig bieten (rechts)

Das rotwildsichere Einzäunen von Rehwildfütterungen mittels Wildzaun hat sich nicht bewährt (Verletzungsgefahr bei Panikreaktionen)

Heumagazin für Untenentnahme von Heu

20 cm Abstand) oder mit waagrechten Stangen (30 cm Abstand) und einer Höhe von mindestens 2,2 m (bei hohen Schneelagen mindestens 2,5 m) erfolgen. Das Einzäunen mit Drahtgeflechten (z. B. Wildzaun) und dem Offenlassen einzelner Schlupflöcher hat sich nicht bewährt, da es in solchen Zäunen nach Panikreaktionen zu schweren Verletzungen kommen kann.

Versuch Tristenfütterung

In einem Versuch zur wiederkäuergerechten Fütterung von Rehwild wurde mit der Fa. Garant eine Idee von ONDERSCHEKA (1994) aufgegriffen und modifiziert. Grundprinzip ist das schichtenweise Anbieten von Kleeheu bzw. Grummet mit pelletiertem Ergänzungsfutter (Garant Aufbau und Ergänzung), damit vom Kraftfutter nicht zu viel in zu kurzer Zeit aufgenommen werden kann (Gefahr der Pansenübersäuerung wird minimiert).

Angeboten wurde das Heu-Pellet-Gemisch in überdachten Raufen/Fütterungshütten, die auf zwei bis drei Seiten zugänglich sind und bei denen die Staketen möglichst senkrecht und relativ weit auseinander stehen (verringert den Druck auf untere Heuschichten). Das Heu wird schichtenweise locker in die Raufen gegeben, dazwischen Pellets geschüttet und die Triste abschließend z. B. mit dem Bergstock aufgelockert und durchmischt. Musli eignet sich weniger (Herausreißen von Heu; Vögel, Mäuse).

Die Rehe „müssen", wenn sie zu den Pellets gelangen wollen, auch Heu aufnehmen, obwohl sie auch Löcher in die Triste „bohren". Durch die Möglichkeit des lockeren Anbietens von Heu ist die Aufnahme nahezu so gut wie vom Boden, es wird jedoch die Bodenvorlage (Infektionsgefahr, Futterverderb durch Nässe) vermieden. Gegen die Rieselverluste von Heu und Pellets ist unter den Raufen ein Trog oder Vortrog (Trog nicht zu breit, sonst stehen Rehe im Trog und setzen darin auch Losung ab) angebracht, aus dem das Futter dann ebenfalls gerne aufgenommen wird.

Standortwahl und Bau von Fütterungen

Zu Fütterungsbeginn (Ende September/Oktober) werden Pellets in größeren Mengen angeboten (30 kg auf ca. 1–2 Ballen Heu), im Dezember und Jänner werden die Pellets stark zurückgenommen bis überhaupt weggelassen und von Februar bis Fütterungsende wieder in ansteigender Menge zugefüttert. Damit wird dem verringerten Energie- und Eiweißbedarf während des Winters Rechnung getragen – Vorraussetzung ist aber Ruhe im Revier.

Die Heuaufnahme war nicht nur von der Heuqualität, sondern besonders von der Schnittlänge abhängig – je kürzer und blattreicher, umso besser war die Heuaufnahme. Gehäckseltes Heu (max. 1–2 cm) könnte mit Ergänzungsfutter gemischt auch in Automaten angeboten werden. Bei starkem Besuch durch Mäuse kann die Futteraufnahme zurückgehen (Geruchsbelastung des Heus). Der Mäuse- und Vogelbesuch ist jedoch bei Pelletfütterung geringer als bei Getreide-/Müslifütterung.

Handgeworbenes Kleeheu oder blatt-, klee- und kräuterreiches Grummet aus Belüftungsanlagen haben die beste Qualität für die Rehfütterung. Die Tristenfütterung zeigt einen möglichen Weg zur wiederkäuergerechten Fütterung des Rehwildes weg von der „Getreidemast" auf.

Tristenfütterung zum gemeinsamen Anbieten von Kleeheu und Kraftfutter

Gemeinsam mit Kraftfutter (Pellets oder Getreide) wird auch Kleeheu angeboten

Kurz gehäckseltes Luzerneheu kann auch automatengängig in Kraftfutter eingemischt werden.

Rotwildfütterungen

Für eine Rotwildfütterung ist einmal eine ausreichend große Freifläche von günstigenfalls zumindest 1 Hektar erforderlich. Diese Fläche sollte an lichtes Altholz grenzen. Allein daraus ist schon ersichtlich, dass – außer im Bereich der Waldgrenze – Fütterungsstandorte für Rotwild nichts ewig Beständiges sind, sondern alle 25 bis 50 Jahre aus forstlichen Gründen evtl. geändert werden müssen.

Als Grundbedingungen für eine Rotwildfütterung gibt BUBENIK (1985) an:

- Futterplätze für Kahlwild und Hirsche sollen weit voneinander weg liegen
- Die Fütterungseinrichtungen sollten nahe am Waldrand liegen, aus dem das Wild auszieht, oder in lichtem Baumholz
- Fütterungseinrichtungen (wie Tröge) sollten quer zum Waldrand stehen, damit das Wild leicht nach vorne sichern und damit ruhig äsen kann
- Die Futteraufnahme muss lange dauern können (störungsfrei)

Rotwildfütterungen werden in der Regel täglich bis einmal wöchentlich beschickt, d. h., es gibt einige Möglichkeiten der Arbeitserleichterung und Kostenminimierung, ohne dem Wild zu schaden. Wie beim Rehwild ist es auch bei Rotwildfütterungen unbedingt notwendig, dass alle Stücke zugleich Futter aufnehmen können. Dies bedeutet, dass bei kleiner dimensionierten Trögen jeder Hirsch seinen eigenen Trog oder jedes Tier mit Schmaltier/-spießer und Kalb ebenfalls einen Trog haben sollten.

Ein ausreichend großer, möglichst ebener Fütterungsplatz erleichtert die Beschickung und reduziert „Streitereien" zwischen den Stücken (links)
Bei zumindest 1 m breiten und entsprechend langen Futtertischen sind Futterstreitereien stark reduziert – Hirsche, Tiere und Kälber an einem Futtertisch (rechts)

Verlegen oder Auflassen von Fütterungen

Ein Verlegen von Rehwildfütterungen, oft um nur 50 bis 100 m kann – sofern forstlich möglich – den Infektions- und Invasionsdruck hinsichtlich Parasitosen deutlich reduzieren.

Besonders bei Rotwild, das eine deutlich höhere „Fütterungstradition" als Rehwild hat, muss es vor der Auflassung eines Fütterungsstandortes zu einer Reduktion des Bestandes kommen und versucht werden, nicht

Standortwahl und Bau von Fütterungen 131

erlegtes Wild zu einer anderen Fütterung „umzulenken" (Jagddruck, Kirrketten). Zudem sind die Maßnahmen mit der Jagdbehörde abzustimmen und die Nachbarreviere rechtzeitig zu informieren. Am alten Fütterungsstandort sind alle Fütterungseinrichtungen zu entfernen, um nicht beim früher an diesem Standort gefütterten Wild eine Erwartungshaltung auf eine Fortführung der Fütterung zu schüren.

Diese durch Sturmschaden beschädigte Rehfütterung muss verlegt werden, da sie nach Aufarbeitung der Schäden zu frei stehen würde

Fütterung und Wildschäden

- Fütterung und Wildstandsregulierung
- Wildschaden durch Störung
- Der „Warteraumeffekt"
- Fütterung und Jagddruck
- Kompensierung und Wildschäden
- Salzvorlage und Verbissschäden
- Standort, Futtermittel und Schadensdruck
- Wildlenkung und Schadensminimierung mittels Fütterung
- Kleine Fehler – große Wirkung

Der Bereich um Fütterungen wird alleine schon wegen der lokal höheren Wilddichte einem größeren Verbiss- oder Schäldruck ausgesetzt. Falls zusätzlich schadensprovozierende Faktoren seitens des Fütterungsstandortes, der Waldstruktur, der Futtermittel, des Fütterungsregimes oder Stressfaktoren für das Wild auftreten, sind Schäden oft vorprogrammiert.

Fütterung und Wildstandsregulierung

Da eine fachgerechte Fütterung nicht nur Wild im Fütterungsbereich konzentriert, sondern insgesamt den Wildbestand ansteigen lässt (geringere Winterverluste, erhöhte Zuwachsraten besonders beim Rehwild), ist bei einer Entscheidung zur Fütterung auch die Entscheidung für einen höheren Abschuss zu treffen. Dabei ist nicht zu vergessen, dass neben dem nahezu nicht schätzbaren Rehwildbestand auch der Rotwildbestand häufig unterschätzt wird.

So liegt die Dunkelziffer (= nicht erfassbarer Anteil des Rotwildbestandes) je nach lokalen Rahmenbedingungen (natürliches Äsungsangebot im Fütterungsumfeld, Anteil von „Selbstversorgern" oder „Außenstehern", Schneelage und Witterung, unregelmäßiger oder zeitversetzter Zuzug zur Fütterung) auch bei hervorragenden Zählbedingungen erfahrungsgemäß zwischen 15 und 40 %.

Als Faustregel kann gelten, dass in einem durchschnittlich strukturierten Rotwildbestand im Alpenraum mit etwa einem Drittel Zuwachs zu rechnen ist. Damit gilt auch der Umkehrschluss *„nachhaltiger Jahresabschuss Mal drei = Mindest-Winterbestand"*.

Fütterung und Wildschäden

Wildschaden durch Störung

Für ein Einzeltier zeigen sich die schwerwiegendsten Folgen einer Flucht im erhöhten Energieverbrauch, der wieder durch gesteigerte Äsungsaktivität wettgemacht werden muss. Oft kommt es durch Störungen zu Konzentrationen von Wild in ruhigen Teilen des Reviers und dort dann infolge der zu hohen Dichte zu entsprechenden Schäden.

Das Ausmaß von Wildschäden wird in sehr starkem Ausmaß von der Wildverteilung beeinflusst. In diesem Zusammenhang sei darauf verwiesen, dass neben den touristischen auch die jagdlichen Aktivitäten mitbestimmend sind. Vor allem bei Schalenwild wird der Einfluss vorhandener Freizeitaktivitäten durch hohen Jagddruck erheblich intensiviert. VÖLK (1995) spricht in diesem Zusammenhang von der Gefahr der wechselseitigen Aufschaukelung durch jagdbedingte erhöhte Scheuheit des Wildes.

Stangensucher im Frühjahr können massive Störungen im Fütterungsbereich hervorrufen

Der „Warteraumeffekt"

Unregelmäßige Futtervorlagen, zwischenzeitig leere Tröge und Raufen, Störungen des Wildes bei der Fütterung, Jagddruck im Bereich des Fütterungsstandorte oder für den Fütterungsstand unterdimensionierte Anlagen führen dazu, dass zur Fütterung anwechselndes, hungriges Wild, das noch kein Futter aufnehmen kann, durch den „Warteraumeffekt" geradezu angeregt wird, zu verbeißen oder zu schälen.

Ein ebensolcher Effekt ergibt sich im Gebirge bei extremen Schneelagen oder bei infolge der Lawinengefahr nicht mehr zugänglichen Fütterungsstandorten, an die das Wild gebunden wurde. In solchen Fällen ist neben den Schäden mit erheblichen Ausfällen durch Verhungern zu rechnen.

Der „Fresstrieb" besonders von gefüttertem Wild kann auch durch Stimmungsübertragung zwischen den Stücken ausgelöst werden, wenn ein futterauf- nehmendes Stück beobachtet wird. Auf diese Weise stimulierter Hunger und physiologischer Hunger können sich addieren.

Starker Verbissdruck infolge des „Warteraumeffektes" bei einer Rehwildfütterung, an der zu unregelmäßigen Zeiten ein bis zwei Fahrzeuge pro Tag vorbeifahren

Schälschäden im Fütterungsbereich sind häufig Folge von Beunruhigung, zu wenig Futterplätzen oder von einer falschen Futtermittelration (zu viel Eiweiß, zu wenig Struktur)

Solche Situationen ergeben sich oft an Fütterungen mit zu wenigen Futterplätzen, wenn rangniedrigere Tiere noch warten müssen. Die Addition der Hungerarten löst einen Fresstrieb aus, der das Tier zur Aufnahme von wenig oder fast ganz unverdaulicher Äsung veranlasst. Schäl- und Verbissschäden (siehe z. B. Rehwildfütterungen in der Nähe von verbissgefährdeten Flächen) in der engeren und weiteren Umgebung von Fütterungen können allein dadurch ausgelöst werden.

Rotwild zeigt einen ausgeprägten Futterneid untereinander. Rangniedere Tiere werden von Ranghöheren von der Fütterung abgedrängt, wenn es zu wenige Futterplätze oder allzu attraktive Futtermittel gibt (bei Heufütterung erfolgt die Futteraufnahme ruhiger). Die abgeschlagenen Stücke suchen entweder in der Umgebung der Fütterung nach Äsung und verursachen Schäden oder ziehen noch hungrig mit dem Rudel in die Fütterungseinstände, wo sie ebenfalls Schäden anrichten können.

Fütterung und Jagddruck

Sollte eine Bejagung im Fütterungszeitraum in der Nähe von Fütterungsstandorten in Ausnahmefällen unvermeidbar sein, so sind die landesgesetzlichen Bestimmungen natürlich einzuhalten, und es sollten diese Abschüsse hauptsächlich beim Wegziehen des gesättigten Wildes am Morgen erfolgen. Hungriges Wild beim Zuzug zur Fütterung zu bejagen, verlagert die Nahrungsaufnahme auf die Waldvegetation im Bereich schützender Einstände. Zur Abschusserfüllung besonders beim Kahlwild sind frühzeitig auch alternative Jagdmethoden (Gemeinschaftsansitz, Ansitz-Drückjagd, Stöberjagd) beispielsweise zwischen Brunft und Fütterungsbeginn zu erwägen.

Eine Bejagung an der Fütterung provoziert Wildschäden und ist deshalb kontraproduktiv. Die in zahlreichen Regionen Österreichs recht hohen Anteile an Kahlwildabschüssen in den Monaten November und Dezember zeigen die Brisanz dieses Problems beim Rotwild. Um hier gegenzusteuern, sollte entweder die Bejagungspraxis oder die Fütterungspraxis entsprechend angepasst werden. Entweder man ist bereit, die Kahlwildabschüsse bereits frühzeitig zu tätigen und nicht auf den kurzen Zeitraum zwischen Ende der Brunft und Fütterungsbeginn zu verschieben, oder man ist bereit, mit der Vorlage von besonders attraktiven Futtermitteln, die eine stark lenkende Wirkung auf das Wild haben und es im Nahbereich der Fütterung massiv konzentrieren, erst dann zu beginnen, wenn der allergrößte Teil des Kahlwildabschusses getätigt ist (z. B. ausschließliche Heuvorlage bis zu dem Zeitpunkt, wo mindestens 95 % des Kahlwildabschusses erfüllt sind). Denn wenn das Kahlwild zur Erfüllung der Abschusspläne auch noch während der Fütterungsperiode bejagt werden soll, darf man es nicht durch hoch attraktive Futtermittel im Nahbereich von Fütterungen übermäßig konzentrieren.

Fütterung und Wildschäden

Hinweis: Gar kein Futter vorzulegen, bis die Kahlwildabschüsse erfüllt sind bzw. bis der Hochwinter beginnt, obwohl das Rotwild über viele Jahre daran gewöhnt ist, kann andererseits ebenfalls Wildschäden provozieren.

Eine zusätzliche wesentliche Motivation zu einer frühzeitigen und vollständigen Erfüllung von Kahlwildabschüssen könnte darin bestehen, dass grundsätzlich (und jedenfalls auch in Fütterungsrevieren) erst nach der Erlegung einer bestimmten Stückzahl an Kahlwild ein Trophäenträger freigegeben wird (z. B. sobald 12 oder 15 oder 20 Stück Kahlwild nachweislich erlegt worden sind – je nach Problemsituation und Geschlechterverhältnis). Zu diesem Zweck müsste gesetzlich ein „Ansammeln" über mehrere Jahre ermöglicht werden. Solch eine Spielregel würde nicht nur zum effizienteren Abschöpfen des fütterungsbedingten Mehr-Zuwachses, sondern auch zu einer gerechteren und objektiver argumentierbaren Zuteilung begehrter Trophäenträger führen, als dies unter den traditionellen Rahmenbedingungen möglich ist.

Kompensierung und Wildschäden

Die triebhafte Suche nach bestimmten Futtereigenschaften, die zu unterschiedlicher Äsungs- bzw. Futterauswahl führt, wird durch den Kompensierungsdrang (Drang nach Ausgleich) ausgelöst. Ist der Mangel an bestimmten Nährstoffen-, Mengen- oder Spurenelementen zu groß, kann der Hunger nach diesem Inhaltsstoff zu einer Überkompensierung führen. Dann wird der ursprüngliche Nährstoffmangel zum Überschuss, was einen neuen, entgegengesetzten Kompensierungsdrang auslöst (BUBENIK, 1957).

Das führt einerseits zu größerer Futteraufnahme als physiologisch nötig und andererseits zur Bevorzugung von Nahrung, die sonst von geringer Bedeutung oder gar nicht nötig ist. Die Störungen des Fresstriebes und die Überkompensierung sind eine der wichtigsten Ursachen eines übernormalen Verbisses und des Schälens. Denn der Kompensierungsdrang veranlasst nicht artgerecht gefütterte Tiere, eine unausgewogene Zusammensetzung des Futters auszugleichen. Mangelkrankheiten sind vor allem deshalb bei Wildtieren recht selten.

Auch die Untersuchungen von ARNOLD et al. (2005) belegen, dass bei einer zu eiweißreichen Fütterung von Rotwild im Winter die Akzeptanz nachlässt und die Verbisshäufigkeit in der Umgebung der Fütterung durch die Kompensierung deutlich zunimmt. Bei Vorlage unnatürlich hoher Eiweißgaben versucht Rotwild durch vermehrte Aufnahme eiweißarmer Wintervegetation den Eiweißanteil in der insgesamt aufgenommenen Nahrungsmenge auf den bevorzugten niedrigen Winterwert herunterzubringen. Eiweißreiche Futtermittel sind z. B. Soja, Erbse, Biertreber oder Luzerne, aber auch Kleegrassilagen haben relativ hohe Eiweißgehalte.

Salzvorlage und Verbissschäden

Salzvorlage im Winter kann – besonders bei Wassermangel – Verbissschäden provozieren (weiters anzumerken: geringer Blattanteil im Heu und Maisvorlage)

Da in Pflanzen 4- bis 80-mal mehr Kalium als Natrium enthalten ist, müssen Wiederkäuer täglich große Kaliummengen ausscheiden und diese durch Natrium ersetzen. Falls täglich Natrium zur Verfügung steht, können sie „salzsüchtig" werden und den Überschuss nur durch größere Wasseraufnahmen ausscheiden. Dies kann im Winter besonders bei Wassermangel zu unnötigen Verbissschäden führen, die immer wieder in der Nähe von Sulzen zu beobachten sind. Deshalb sollten Salzlecken günstigenfalls nur im Sommerhalbjahr angeboten werden.

Standort, Futtermittel und Schadensdruck

Auf Standortfaktoren wird im Kapitel „Bau von Fütterungen" näher eingegangen. Für bestehende Fütterungen kann durch Lenkungsmaßnahmen oder die Ausweisung eines Wildschutzgebietes eine Verbesserung erzielt werden. Dem Wild muss ganztägig eine ungestörte und ausreichende Aufnahme des Futters ermöglicht werden. Die gleichzeitige Nahrungsaufnahme durch mehrere Wildtiere, z. B. Geiß mit Kitzen, muss gewährleistet sein, damit alle Tiere eines Rudels oder Sprunges die Fütterung „satt" verlassen. Energiedichte, also kraftfutterbetonte Rationen oder Rationen mit hohem Eiweißgehalt und zu geringer Gehalt an Struktur erhöhen die Gefahr von Verbiss- und Schälschäden.

Wildlenkung und Schadensminimierung mittels Fütterung

Fütterungen können zur Schadensminimierung beitragen, falls es gelingt, mit gezielter Fütterung das Wild in forstlich weniger problematischen Gebieten zu halten bzw. aktiv durch die Winterfütterung dorthin zu lenken. Dabei muss aber auch unbedingt der enge Grat zwischen „Wildlenkung" und „Kirrung" beachtet und nicht in Richtung Kirrung verlassen werden (Sättigungsfütterung!). Zudem muss bedacht werden, dass sich die waldbauliche Eignung eines Fütterungsstandortes über die Jahre auch ändern kann und vormals gut geeignete Standorte heute nicht mehr geeignet sein können.

Kleine Fehler – große Wirkungen

Die Empfindlichkeit des Verdauungssystems von Wildwiederkäuern sowie die erhöhte Anfälligkeit von Wäldern und die verringerte Toleranz gegenüber Verbiss oder Schälung stellen in unserer mehrfach intensiv genutzten Kulturlandschaft enorm hohe Anforderungen an die Hege mit dem Futterbeutel. Wenn diese hohe Professionalität (ja geradezu „Fehlerlosigkeit") nicht gewährleistet werden kann, wird die Wirkung der Wildfütterung sehr rasch kontraproduktiv und man löst damit Wildschäden aus. Und da es überall, wo Menschen arbeiten, Fehler geben kann und geben wird, kann diese Fehleranfälligkeit im Zusammenhang mit der Winterfütterung zu einem sehr grundsätzlichen Argument gegen das Füttern werden, vor allem in empfindlichen Lebensräumen (karge Standorte mit wenig Waldverjüngung) und bei stärkeren Wildkonzentrationen (z. B. Rotwildrudel mit deutlich mehr als 40–50 Stück). Dies soll anhand von zwei Beispielen aus empfindlichen Lebensräumen verdeutlicht werden.

Beispiel 1: Fütterung und Schälrisiko

Je äsungsärmer und fichtenreicher die dichteren Wintereinstände sind, die einen guten Witterungs- und Feindschutz bieten, desto höher ist das Schälrisiko. Denn Rotwild, das sich aus dieser Deckung nicht hinauswagt, kann im Rückzugsraum nur durch Schälen der Baumrinden seinen Hunger stillen. Immerhin weist feine Fichtenrinde einen Nährwert auf, der etwa mittleren Heu-Qualitäten entspricht. Die oft geäußerte Frage „Warum schält das Rotwild?" klingt angesichts dieser Tatsache sonderbar, denn kaum jemand würde sich fragen „Warum frisst das Rotwild Heu?"! Rinde ist allerdings außerhalb der Saftzeit recht mühsam vom Stamm ablösbar und auch mengenmäßig nicht sehr ergiebig, so dass zur Sättigung eine erhebliche Rindenfläche geschält werden muss (was zumindest außerhalb der Saftzeit recht zeitintensiv ist).

Dazu ein Rechenbeispiel:

Schält ein Stück Rotwild von einer rund 15–20 cm starken Fichte die feine Rinde am halben Umfang des Stammes einen Viertel Meter hoch vollständig ab, kann es damit etwa ein Prozent seines täglichen Nahrungsbedarfs decken (rund 30 Gramm Trockenmasse). Wenn 50 Stück Rotwild während eines Winters nur zweimal tagsüber der Fütterung fern bleiben (z. B. störungsbedingt oder weil zu wenig Futter verfügbar ist) und stattdessen im äsungsarmen Einstand einen Teil ihres Tagesnahrungsbedarfs mit feiner Fichtenrinde abdecken – nehmen wir für diese Rechnung an, etwa ein Drittel des Tagesbedarfs – dann ist nach fünf Jahren innerhalb dieses Einstandes mit 16.500 Schälwunden der oben angegebenen Größe zu rechnen. Halbherzig oder knapp bemessen zu füttern oder das Rotwild im Fütterungsbereich zu stören, muss man somit als Katastrophe für den Wald einstufen.

Das Schälrisiko ist aber im Bereich schälanfälliger Waldbestände auch ohne jeglichen Fütterungsfehler erheblich: Die Tatsache, dass man Rotwildzählungen im Bereich von Fütterungen an kalten Wintertagen ansetzen muss, damit man einigermaßen realistische Schätzwerte für den Wildstand bekommt (die Dunkelziffer beträgt erfahrungsgemäß dennoch zwischen 10 und 40 %), macht eindrucksvoll deutlich, dass wohl an mehr als zwei Wintertagen ein Teil des Rotwildes nicht seinen gesamten Nahrungsbedarf an der Fütterung abdeckt. Daraus ist die Konsequenz zu ziehen, dass jedes Fernbleiben des Rotwildes vom Futterplatz ein enormes Schälrisiko darstellt, wenn es im Einstandsbereich an verfügbarer anderer Äsung mangelt und schälfähige Bäume vorhanden sind.

Die plausible Theorie der Vermeidung von Schälschäden durch die Winterfütterung des Rotwildes erfährt dadurch eine erhebliche Relativierung. Diese vereinfachte Rechnung macht auch verständlicher, warum man in manchen Regionen Österreichs mit dichten Waldbeständen und hohem Anteil an schälanfälligen Rotwildeinständen keinen besseren Ausweg gefunden hat, als das Ausmaß der Schadflächen auf den Bereich eingezäunter Wintereinstände zu begrenzen. In Regionen mit geringeren Rotwilddichten oder mit weniger schälanfälligem Waldaufbau und mit reicherem Äsungsangebot im Bereich der Wintereinstände sind solche technischen Krücken erfreulicherweise entbehrlich – sofern es gelingt, die Fütterungsbereiche von menschlichen Störungen konsequent frei zu halten.

Beispiel 2: Fütterung und Verbissrisiko

Der unbedarfte Betrachter wird wohl am ehesten davon ausgehen, dass eine Fütterung des Rehwildes vor allem in schneereichen Bergregionen zu rechtfertigen oder zu fordern sei. Und dass in klimatisch günstigen Tieflagen die Winterfütterung am ehesten entbehrlich sein dürfte. Wenn allerdings die Verbissschadensreduktion im Vordergrund steht, ist die Sache genau umgekehrt! In den klimatisch milderen Lebensräumen, wo man landwirtschaftlich produktivere Standorte findet, hat der Mensch den überwiegenden Teil der Wälder gerodet. Damit wurde in der Kulturlandschaft die „Schere" zwischen sommerlichem und winterlichem Nahrungsangebot massiv geöffnet. Während der Vegetationszeit gibt es auf Äckern und Wiesen für das Rehwild großflächig einen durch den Menschen reich gedeckten Tisch – das erlaubt hohe Zuwachsraten. Außerhalb der Vegetationszeit hingegen bzw. bereits unmittelbar mit der Ernte entzieht der „Konkurrent Mensch" den Pflanzenfressern diese Äsungsfülle und provoziert damit massive Nahrungsengpässe und Raumnutzungsänderungen. Dadurch kommt es in den verbliebenen Waldinseln zu einem enormen saisonalen Anstieg der Wilddichte.

In Agrarlandschaften mit geringer Waldausstattung würde zur Erreichung einer forstlich tragbaren Verbissbelastung im Wald eine drastische Reduktion der Rehwildbestände erforderlich sein (oder man müsste sämtliche Verjüngungsflächen in den Waldinseln einzäunen). Unter solchen Rahmenbedingungen lässt sich mittels Fütterung des Rehwildes außerhalb dieser Waldinseln eine erhebliche Verbissentlastung erzielen, wenn gleichzeitig für entsprechende Deckungsmöglichkeiten abseits des Waldes gesorgt wird (wie dies z. B. in Oberösterreich großflächig erfolgreich durchgeführt worden ist).

Andererseits gibt es in schneereichen Gebirgslebensräumen Gebiete, in denen auf eine Winterfütterung des Rehwildes aus Waldschutzgründen unbedingt verzichtet werden sollte (Standortwahl!). Das sind karge und langsam wüchsige Standorte, die ein erheblicher Teil des Rehwildes von Natur aus im Herbst verlassen und in die es erst nach dem Austreiben der Bodenvegetation und der Baumknospen wieder zurückkehren würde – also wenn das Verbissrisiko für die Gehölze hier schon wieder wesentlich geringer ist. Ausreichend und artgerecht gefüttertes Rehwild kann in solchen Regionen zwar im Hochwinter den überwiegenden Teil der Äsung an der Fütterung aufnehmen, während der Übergangszeiten wird es jedoch mit Vorliebe die nun endlich wieder verfügbare Naturäsung annehmen, die während dieses Zeitraumes zu überwiegenden Anteilen aus Gehölztrieben besteht. Wenn das Rehwild durch Futtervorlage an solchen Standorten „künstlich angebunden" wird, steht es außerdem den Winter über in massiver Abhängigkeit vom Menschen. Eine Unterbrechung der Futtervorlage kann in diesem Fall für die Rehe besonders nachteilig werden.

Für das erfolgreiche Aufbringen einer ausreichenden Waldverjüngung sind auf solchen montanen Standorten meist genau die Übergangszeiten zwischen Winter und Vegetationszeit von entscheidender Bedeutung. Während der wenigen Wochen im Jahr, wo hier außer der spärlichen Waldverjüngung und allenfalls ein paar Begleitgehölzen kaum attraktive natürliche Äsung vorhanden ist, können schon wenige Stücke Schalenwild erheblichen Einfluss auf die Waldverjüngung ausüben. Denn im Spätwinter/Frühjahr, wenn der Nahrungsbedarf des Rehwildes bereits stark ansteigt, werden dann in den wenigen Wochen zwischen dem Ausapern und dem Austreiben der Kräuter und Gräser die Gehölze extrem stark beäst, was natürlich auch verstärkten Leittriebverbiss an jungen Waldbäumen zur Folge hat (vor allem an Laubholzknospen).

Dazu ein Rechenbeispiel:

Geht man davon aus, dass in montanen Bergmischwäldern vor dem Austreiben der Gräser und Kräuter – sobald die Wipfel der jungen Laubbäume aus dem Schnee herausragen – der Laubholzanteil im Rehwildpansen mit rund 15 % anzusetzen ist, ergibt das bei einem Tagesbedarf von rund 1,4 kg Frischsubstanz rund 210 Gramm Laubgehölze. Sind nur rund 10 % davon Leittriebe von Wirtschaftsbaumarten, ergibt das 21 Gramm Leittriebe. Ein durchschnittlicher Laubholztrieb von 5 cm Länge (auf sehr kargen Standorten kann es sein, dass das sogar mehr als der Jahreszuwachs ist) hat ein Gewicht von rund 1 Gramm. Daraus errechnet sich, dass pro Tag 21 Leittriebe im Pansen eines solchen Rehs landen werden, und das über mehrere Wochen hinweg.

Hält man durch die Winterfütterung zum Beispiel 10 Stück Rehwild in solchen Lagen zurück, statt sie abwandern zu lassen, werden diese Rehe während der Übergangszeit zwischen Ausapern und Austreiben der Bodenvegetation die spärliche Laubholzverjüngung erheblich beäsen (in der genannten Beispielsrechnung mit insgesamt 210 Leittrieben pro Tag), auch wenn sich diese 10 Rehe während des gesamten Winters nur an der Fütterung ernährt haben sollten. Führt man die obige Rechnung weiter und geht davon aus, dass die 10 Rehe erst etwa 3 Wochen nach dem Ausapern wieder aus günstigeren Lagen zugewandert wären, wenn man sie nicht durch Fütterung hier „angebunden" hätte, so ergibt sich – trotz möglicherweise professioneller Fütterung mit ausreichend artgerechten Futtermitteln – für diese 21 Tage eine Mehrbelastung der Waldverjüngung von 4.410 Laubholz-Leittrieben. Diese Menge wird auf kargen Standorten zu einem Ausbleiben der Verjüngung oder zumindest zu einer massiven Baumarten-Entmischung führen.

Literaturliste

Zahlreiche Literaturempfehlungen zum Thema finden Sie unter diesem Link als PDF-Datei zum Downloaden:

https://wildtier.at/wp-content/uploads/2023/10/2023_Literaturliste_Buch_Wildtierfuetterung_FV-und-AD.doc

Chance oder Risiko für den Wald? – Versuch einer Bilanz

Die plausibel erscheinende Theorie einer erfolgreichen Winterfütterung lautet: „Was an der Fütterung an Nahrung aufgenommen wird, wird nicht gleichzeitig im Wald weggeäst – deshalb leistet jede Fütterung einen gewissen Beitrag zur Wildschadensvermeidung." Diese Einschätzung wird allerdings nur unter folgenden fünf Voraussetzungen in der Praxis zutreffen:

1. Wenn der Fütterungsstandort und die Fütterungseinstände abseits von verbiss- oder schälgefährdeten Flächen liegen (ansonsten können durch das Zuziehen von Wild sogar erhöhte Wildschäden ausgelöst werden) und beim Rotwild eine revierübergreifende Abstimmung stattfindet
2. Wenn bei der Futtermittelwahl keinerlei Fehler gemacht werden
3. Wenn alle zuziehenden Stücke jederzeit ausreichend Futter aufnehmen können (verfügbare Flächengröße, geeignete Vorlagetechnik, keine Unterbrechungen der Versorgung während der gesamten Fütterungsperiode)
4. Wenn es keinerlei Störungen am Futterplatz, im Fütterungseinstand und im Bereich der Wechsel dazwischen gibt (auch keine jagdlichen!) – kein „Warteraumeffekt"
5. Wenn es zu keiner Zunahme des Wildbestands kommt (voller jagdlicher Ausgleich für verringerte Fallwildzahlen und für erhöhten Zuwachs)

In unserer intensiv genutzten Kulturlandschaft ist es eine große Herausforderung, die Einhaltung aller fünf genannten Voraussetzungen dauerhaft zu gewährleisten. Da selbst kleine Fehler im Bereich von größeren Wildansammlungen erhebliche Wildschäden provozieren können, reichen einige wenige „unvorhersehbare Vorfälle" oder Missgeschicke aus, um den Erfolg bezüglich Wildschadensvermeidung in kürzester Zeit zunichte zu machen. Das gilt vor allem im Bereich von Rotwild-Wintereinständen bei Vorhandensein schälgefährdeter Waldbestände (die ja über mehrere Jahrzehnte schälanfällig bleiben). Und das gilt für langsam wüchsige, karge Waldstandorte, auf denen schon eine geringe Verbissintensität sehr schädliche Auswirkungen auf die Waldverjüngung haben kann.

In wüchsigen Lagen mit großen zusammenhängenden Waldgebieten hingegen (z. B. Wienerwald, Kobernaußer Wald) ist es im Hinblick auf die Verbissbelastung während der Übergangszeiten im Herbst und Frühjahr von erheblich geringerer Bedeutung, ob Rehwild gefüttert wird oder nicht (außer es werden Fütterungsfehler gemacht). Denn hier hat der Mensch die winterliche Tragfähigkeit der Lebensräume nicht vermindert, sondern durch die Waldbewirtschaftung eher erhöht. In solchen Regionen ist deshalb die Empfindlichkeit der meisten aktuellen Waldgesellschaften nicht allzu hoch und das „natürliche" Äsungsangebot eher reichhaltig (vor allem, wenn Brombeeren vorhanden sind). Unter solchen Rahmenbedingungen kommt es beim Rehwild, das sich nicht so stark konzentrieren lässt wie Rotwild, auch nicht so rasch zu flächenhaften Wildschäden (und punktuelle Schäden lassen sich beim Rehwild sehr leicht durch Schwerpunktbejagung in den Griff bekommen). Allenfalls vorgelegtes Futter muss für Rehwild allerdings auch unter solchen Bedingungen attraktiv genug sein, um vom Verbiss an Baumknospen und Baumtrieben ablenken und dadurch zur Verbissreduktion beitragen zu können. Und die verringerte Mortalität sowie der erhöhte Zuwachs müssen jagdlich voll abgeschöpft werden, um auch merkbare Hegeerfolge erzielen zu können!

Die Autoren

Univ. Doz. Dr. Armin Deutz, Jahrgang 1962, arbeitet als Amtstierarzt im obersteirischen Bezirk Murau. Daneben ist er Wildbiologe, Jäger und Bergbauer sowie Verfasser von bisher 14 Büchern und zahlreichen Publikationen hauptsächlich zu den Themen Wildtier, Wild- und Nutztierkrankheiten, Wildtierfütterung, Krankheitsverbreitung und Klimawandel sowie Zoonosen, das sind zwischen Tieren und Menschen übertragbare Krankheiten.

Dr. Johann Gasteiner, Jahrgang 1965, ist Tierarzt an der HBLFA Raumberg-Gumpenstein und leitet das Institut für Artgemäße Tierhaltung und Tiergesundheit. Er befasst sich wissenschaftlich intensiv mit der Ernährungsphysiologie und mit Erkrankungen des Verdauungsapparates von Wiederkäuern, dazu kann er zahlreiche nationale und internationale Publikationen vorweisen. Er ist von Kindesbeinen an eng mit der Jagd verbunden und aktiver Jäger.

Die Autoren

Univ. Doz. Dr. Karl Buchgraber, Jahrgang 1955, leitete das Institut für Pflanzenbau und Kulturlandschaft an der HBLFA Raumberg-Gumpenstein und unterrichtete an der Universität für Bodenkultur, der Veterinärmedizinischen Universität Wien und der Freien Universität in Bozen. Die Futterqualitäten und die Futterbewertung sind sein besonderes Anliegen für die Versorgung der Wildtiere.

Dipl. Ing. Dr. Friedrich Völk, Jahrgang 1957, war von 2001 bis 2021 in der Unternehmensleitung der Österreichischen Bundesforste AG für das Geschäftsfeld Jagd zuständig. Zuvor war er 14 Jahre in der Wildforschung tätig – sieben Jahre davon an der Veterinärmedizinischen Universität Wien und sieben Jahre an der Universität für Bodenkultur Wien. Er widmet sich in Forschung und Lehre sowie in der praktischen Umsetzung und in seinen Publikationen vor allem den Themen Schalenwildbewirtschaftung, Wildschadensvermeidung, Wildökologische Raumplanung und Lebensraumvernetzung.

Kurzvideos

Die unten angeführen QR-Codes dienen zur Veranschaulichung folgender Themen:

Pansenziliaten (siehe Seite 45)

Typen von Widerkäuern (siehe S. 48)

Äsungswahl Rehwild im Vergleich zum Rind (siehe S. 52)

Aufnahme von Pflanzengiften (siehe S. 120)

Weiteres Informationsmaterial und Literaturempfehlungen finden Sie unter diesem Link als PDF-Dateien zum Downloaden:

Silagebewertung nach Sinnenprüfung
https://wildtier.at/wp-content/uploads/2023/10/Silagebewertung-nach-Sinnenpruefung-OeAG.doc

Heubewertung nach Sinnenprüfung
https://wildtier.at/wp-content/uploads/2023/10/Heubewertung-nach-Sinnenpruefung-OeAG.doc

Notfütterung (Terminologie)
https://wildtier.at/wp-content/uploads/2023/10/Kopie-von-2019_08_Notfuetterung_Terminologie.pdf

Notfütterung (Artikel aus der Zeitschrift „Kamerad Tier")
https://wildtier.at/wp-content/uploads/2023/10/2019_Notfuetterung_Kamerad-Tier_Voelk.pdf

Rotwild-Winterkonzepte (Artikel aus der Zeitschrift „St-Hubertus")
https://wildtier.at/wp-content/uploads/2023/10/2013_Rotwild-Winterkonzepte_St-Hubertus.pdf

Rotwild lenken (Artikel aus der Zeitschrift „Jagd in Tirol")
https://wildtier.at/wp-content/uploads/2023/10/2019_Rotwild-lenken_Jagd-in-Tirol.pdf